LA BOTANIQUE

MISE A LA PORTÉE DE TOUT LE MONDE.

Par le capitaine Pierre.

SECONDE ÉDITION
ENTIÈREMENT REFONDUE
ET ENRICHIE DU LANGAGE DE FLORE.

LAON.
A. OYON, Imprimeur-Libraire, rue du Bourg, 15.

1845.

Dédiée

à mon frère P. Pierre,

CHEF D'ESCADRON D'ARTILLERIE,

Retraité à Boersch, département du Bas-Rhin.

PIERRE.

AVERTISSEMENT DE L'AUTEUR.

Dans la première édition de la *Botanique mise à la portée de tout le monde*, je n'ai réellement offert au Public qu'un Catalogue latin-français, suivi d'un glossaire scientifique.

Dans la présente édition, j'explique d'abord la Science d'une manière intelligible. Ensuite, je range les végétaux en français-latin selon le Système sexuel, que je fais concorder avec l'Ordre naturel. Et, pour faciliter les recherches, je termine par deux tables de renvoi, l'une aux classes et familles ; l'autre aux genres, espèces, variétés et synonymes.

Ce travail a été long et pénible. Je ne me suis pas contenté de consulter les Auteurs, de feuilleter les Herbiers, de visiter les Jardins : j'ai parcouru, non-seulement la France entière, mais la majeure partie de l'Europe, et j'ai moi-même analysé sur le terrain toutes les plantes que je dépeins.

J'aurais pu composer de gros volumes avec les matériaux que j'avais amassés; j'ai préféré en faire un Livre portatif, un Vade-mecum où se trouvent réunis l'utile et l'agréable, savoir : le Règne végétal, ses qualités alimentaires, ses vertus médicinales, ses propriétés dans les arts; et le Langage des fleurs.

Je suis persuadé que ma Méthode est suffisante pour apprendre la Botanique, sans maître. Je recommande seulement de bien étudier l'Introduction ci-contre. J'ai tâché de la rendre à la fois simple, claire et concise. Mes comparaisons des objets peu connus avec ceux qui le sont tout-à-fait, me semblent plus près de la vérité, n'en déplaise aux Dessinateurs, que les pâles copies de la belle et riche Nature.

INTRODUCTION.

Une plante peut être pourvue de racines, d'un collet, de tiges, de feuilles, de stipules, de glandes, de vrilles, de bractées, de fleurs, et de fruits ou graines.

La racine est dite pivotante, quand elle s'enfonce perpendiculairement dans la terre, comme la luzerne ; traçante, si elle s'étend en tous sens, comme le chiendent ; tuberculeuse, comme la pomme de terre ; bulbeuse, comme l'ognon ; capillaire, si elle est déliée comme des cheveux ; articulée ou noueuse, si elle est en chapelet.

Le collet est le point d'où partent les racines pour descendre, et la tige pour s'élever.

La tige est herbacée, si elle meurt dans la première année ; elle est ligneuse, si elle résiste plus long-temps. On la dit couchée, si elle est étalée sur la terre comme le serpolet ; rampante, si c'est comme la quintefeuille ; grimpante, comme le lierre ; triangulaire, comme le carex ; ailée ou anguleuse, comme la consoude ; carrée, comme la menthe ; glabre ou lisse, comme la tulipe ; pubescente, comme l'absinthe ; velue et poilue, comme la bourrache ; volubile ou sarmenteuse, comme la vigne ; piquante, comme l'ortie ; hérissée, comme la ravenelle ; drapée, comme le bouillon-blanc ; aiguillonnée, comme la ronce ; épineuse, comme le prunellier ; dichotome ou fourchue, comme la doucette. La tige des arbres se nomme tronc ; celle des graminées s'appelle chaume. La hampe est une espèce de tige sans feuilles : exemple, le pissenlit, le plantain.

La feuille est pétiolée, quand elle a une queue ; elle est sessile, quand elle n'est pas portée par un pétiole. On dit qu'elle est engaînante ou décurrente, si elle se prolonge sur la tige. Les feuilles sont radicales quand elles partent de la racine, comme dans le coucou ; alternes, comme dans le peuplier ; opposées, comme dans le lilas ; verticillées ou étagées, comme dans le gratteron ; triangulaires, comme dans la blette ; distiques ou éparses, comme dans le sapin ; imbriquées, comme dans la joubarbe ; amplexicaules ou embrassant la tige, comme dans l'iris des marais ; perfoliées ou traversées par la tige, comme dans le buplèvre ; ombiliquées, comme dans la capucine ; linéaires, comme dans le lin ; lancéolées ou en fer de lance, comme dans le troëne ; subulée ou en alène, comme dans le genevrier ; elliptiques ou presque ovales, comme dans le chèvrefeuille des bois; ovales, comme dans la pervenche; orbiculaires ou arrondies, comme dans le peuplier d'Italie; spatulées ou élargies du haut, comme dans la marguerite; cunéiformes ou en coin, comme dans le réveille-matin; rhomboïdes ou presque carrées, comme dans l'ansérine des villes; capillaires ou fines, comme dans l'asperge; réniformes ou en rognon, comme dans le lierre terrestre; cordiformes ou presque en cœur, comme dans la violette; sagittées ou en fer de flèche, comme dans l'oseille; hastées ou en fer de hallebarde, comme dans le gouet; lobées ou divisées largement, comme dans la vigne; trilobées, comme dans l'hépatique; palmées ou semblables à des mains, comme dans le figuier; lyrées ou découpées en lyre, comme dans le radis sauvage; roncinées, comme dans le pissenlit; auriculées, comme dans la caméline; pinnatifides, c'est-à-dire presque ailées, comme dans la scabieuse; ailées ou composées de folioles sur deux rangs, comme dans le frêne; bipinnées et tripinnées, c'est-à-dire deux ou trois fois ailées, comme dans la carotte; pectinées ou en peigne, comme dans le volant d'eau; obtuses ou sans pointe, comme dans la jacinthe; oblongues ou plus longues que larges, comme dans le souci; fistuleuses ou creuses, comme dans l'échalote; laciniées ou divisées en lanières, comme dans le pied d'alouette des champs; dentées, comme dans l'orme; cylindriques ou en tuyau, comme dans le sédum blanc; ensiformes ou renflées, comme dans le narcisse des poètes; crépues, comme dans la mauve frisée; rugueuses, comme dans le marrube blanc; ondulées, comme dans la bistorte; trifoliées ou par trois, comme dans le trèfle; digitées ou imitant des doigts, comme dans le marronier. Enfin, on dit qu'elles sont pubescentes, si elles sont douces au toucher; hispides, si elles sont rudes; glabres, si elles sont lisses; glauques, si elles semblent poudreuses; cotonneuses, si elles sont blanchâtres; hérissées, si elles sont chargées de pointes; ciliées, si leurs bords sont garnis de poils. On appelle feuilles caduques, celles qui meurent avant l'automne; tombantes, celles qui disparaissent avant l'hiver; persistantes, celles qui sont toujours vertes, comme dans le buis, le houx, l'oranger, etc.

Les stipules sont des feuilles avortées, comme dans la vesce.

Les glandes sont des corps arrondis qui transudent des sucs mielleux et de l'huile essentielle.

Les vrilles servent à soutenir et à cramponner les

plantes grimpantes ou volubiles, comme la vigne, le houblon, les pois.

Les bractées sont des feuilles colorées qui accompagnent les fleurs, comme dans la rougeole des blés.

La fleur proprement dite renferme les organes de la reproduction de l'espèce. On y distingue le calice et la corolle, qui en sont les parties extérieures. Les étamines et le pistil occupent l'intérieur. Mais la fleur n'est complète que quand toutes ces parties sont réunies, comme dans la giroflée simple; elle est incomplète s'il en manque une seule, comme dans le lis, qui est sans calice.

Quand le calice entoure la corolle, on le dit monophylle, s'il est d'une pièce; diphylle, s'il est de deux; polyphylle, s'il est composé de beaucoup de folioles. Le calice propre renferme une fleur, comme dans la véronique; le calice commun contient plusieurs fleurs appelées fleurons, comme dans la camomille. Le calice est tubuleux dans la primevère, prismatique dans la pulmonaire, caliculé dans la mauve, imbriqué dans l'artichaut. Dans ce dernier cas, il prend le nom d'involucre.

L'involucre est une réunion de folioles ou bractées servant de collerette aux fleurs ombellifères, comme la carotte; et de calice commun aux fleurs composées, comme le chardon.

La spathe sert d'enveloppe à certaines fleurs avant leur épanouissement : exemple, le narcisse.

La corolle attire les regards par son élégance et son éclat. C'est la fleur, en langage vulgaire. On la dit régulière quand les divisions sont égales, comme dans la rose des haies, et irrégulière, si les parties ne sont pas semblables, comme dans la violette. La corolle est monopétale, quand elle est d'une seule pièce, et polypétale, si elle en a plusieurs qu'on peut effeuiller. Dans une corolle monopétale, on distingue le tube en bas, le limbe en haut, et la gorge au centre. Dans une corolle polypétale, on remarque l'onglet inférieurement, et la lame supérieurement.

Une corolle monopétale est campanulée, quand elle ressemble à une cloche; infundibuliforme, si c'est à un entonnoir; hyppocratériforme, si elle est en soucoupe; urséolée, si elle a la forme d'un grelot; rotacée, si elle imite une roue; étoilée, si les divisions sont étalées; labiée, si elle a l'apparence d'une gueule.

Dans les fleurs composées, telles que celles de laitue et de centaurée, les corolles se nomment fleurons.

La fleur composée est flosculeuse, quand tous ses fleurons sont tubuleux, comme dans le chardon ;

semi-flosculeuse, si ses fleurons sont en languette, comme dans le pissenlit; discoïde, si elle est sans rayons, comme l'immortelle; radiée si les rayons de la circonférence sont en languette, et ceux du centre tubuleux, comme dans le soleil, le souci, le pas d'âne.

La corolle polypétale se présente aussi sous diverses formes. Les crucifères ont 4 pétales en croix, par exemple le chou; les rosacées en ont 5 égaux, comme dans le pommier; les caryophyllées ont un onglet au bas de chaque pétale, comme dans l'œillet; les papillonacées ont un étendard, deux ailes et une carène, comme dans les haricots.

Les fleurs anomales sont: la pensée, l'ancolie, le pied d'alouette, etc.

Nous avons vu que les étamines occupent l'intérieur de la corolle. Ce sont des filets plus ou moins allongés, chacun surmonté d'une petite tête jaune appelée anthère, qui contient la poussière fécondante. C'est assez dire que les étamines appartiennent au mâle.

Le pistil est l'organe femelle. Dans une fleur hermaphrodite, comme le lis, il se trouve entouré des 6 étamines. Il est formé de l'ovaire qui lui sert de base, du style qui en est le prolongement, et du stigmate qui le termine.

Le stigmate est en étoile dans le pavot, trigone dans la tulipe, en pinceau dans la pimprenelle, plumeux dans le blé.

On nomme plante hermaphrodite, celle dont les fleurs renferment les organes des deux sexes, c'est-à-dire étamines et pistil, comme dans l'iris; monoïque, celle qui porte des fleurs mâles et femelles séparées, comme dans le noisetier; dioïque, celle dont les fleurs mâles sont sur un pied et les femelles sur l'autre, comme dans le chanvre; polygame, celle dont les sexes sont mélangés, comme dans la pariétaire, le frêne, le figuier.

Les plantes phanérogames ont des fleurs apparentes, les cryptogames les ont douteuses, les agames les ont invisibles.

On donne le nom de pédoncule à la queue d'une fleur, et ses branches, s'il en a, sont des pédicelles. Les fleurs qui ne sont pas pédonculées sont appelées sessiles. Elles sont axillaires, si elles naissent sur l'écorce, ou à l'aisselle des rameaux.

Le receptacle sert de base à toutes les parties de la fleur et du fruit ou graine. C'est, pour ainsi parler, le lit nuptial.

Le chaton est un assemblage de petites fleurs autour d'un axe central, comme dans le saule, le chêne, le bouleau.

Le thyrse est une espèce de grappe redressée, comme dans le marronier, dont les fleurs forment de vraies girandoles.

La panicule ressemble un peu au thyrse et à la grappe, comme on peut le voir dans l'avoine.

Le corymbe est une réunion de fleurs placées presque à même hauteur, mais dont les pédoncules sont partis de plusieurs points, comme dans la mille-feuille.

La cime diffère peu du corymbe: exemple, les fleurs de sureau.

L'ombelle est formée de fleurs dont tous les pédoncules partent d'un centre commun et qui, après s'être élevés à la même hauteur, semblent imiter un parasol. On appelle rayon chaque division du tout, comme dans le cerfeuil, qui en a 5 ou 6.

L'ombellule est une portion de l'ombelle; l'une et l'autre sont souvent entourées d'un involucre ou d'un involucelle, pour leur servir de collerette.

Le verticille est un anneau de fleurs entourant la tige, comme dans la sauge des prés; ou de feuilles, comme dans le gratteron.

Le fruit se compose de deux parties principales: le péricarpe et la graine. Le péricarpe réunit quelquefois plusieurs capsules.

La graine est cette partie d'un fruit parfait contenu dans le péricarpe, ou dans une gousse. Elle est destinée à produire un nouvel individu. Par exemple, une fève est formée de deux cotylédons, d'une radicule et d'une plumule. Quand elle lève, les cotylédons se transforment en feuilles, la radicule en racines, et la plumule en tige.

Toute plante est acotylédone, comme la mousse; monocotylédone, comme l'orge; ou dicotylédone, comme la fève, le pois, le chêne.

La gousse ou légume est formée de deux cosses, comme dans les haricots, le genêt, l'acacia.

La silique et la silicule sont plus petites que la gousse: exemple, le colza, la bourse à pasteur.

La pixide est une capsule globuleuse qui s'ouvre par le milieu, comme dans le mouron.

Les fruits déhiscents s'ouvrent d'eux-mêmes pour répandre leurs graines; les fruits indéhiscents restent fermés.

Le cône est une réunion de bractées autour d'un axe, comme dans le pin, le bouleau, l'aune.

Tout fruit sec et déhiscent qui ne rentre dans aucune de ces catégories, porte le nom de capsule, comme dans le pavot, le réséda, l'œillet.

La drupe renferme un noyau, comme la cerise, l'abricot, la pêche, la prune. La pomme et la poire ont des pépins dans leur chair.

La baie a des graines dans sa pulpe, comme le raisin, le sureau, la groseille.

Le fruit agrégé se compose de petites drupes adhérentes, comme dans la fraise, la framboise, etc.

MAINTENANT, supposons un enfant de 12 ans, doué d'une intelligence ordinaire, ayant sous les yeux une plante en fleurs. Il s'est assuré que ce végétal est composé d'une tige droite, de feuilles verticillées, de fleurs sans corolle, renfermant une seule étamine. Ce dernier caractère lui indique la 1re classe ou Monandrie, mot tiré du grec et qui veut dire un seul mari ou étamine. L'élève tournera le feuillet jusqu'à ce qu'il soit à l'article précité, et bientôt il s'écriera : c'est la pesse d'eau !

Voici une autre plante qu'il analyse comme la première. C'est un arbrisseau à tiges vertes, feuilles de 5 à 7 folioles, fleurs blanches, à 5 divisions obliques et 2 étamines. Ce végétal appartient donc à la 2e classe ou Diandrie, qui signifie 2 maris ou étamines ; c'est le jasmin officinal, le symbole de l'amabilité.

Celle-ci a une tige élevée, des feuilles à folioles pointues, des fleurs rougeâtres, réunies en larges panicules, la corolle a 5 divisions et 3 étamines. Voyons la Triandrie, qui veut dire 3 maris.... La plante se nomme Valériane, le symbole de la facilité.

Celle-là qui a tige rameuse, feuilles pinnatifides, fleurs d'un bleu cendré, agglomérées en grosses têtes longuement pédonculées, et 4 étamines. C'est à la Tétrandrie ou 4 maris qu'il faut la chercher. Son nom est scabieuse, le symbole du deuil et du veuvage.

Tige faible, feuilles ovales, fleurs rouges ou bleues, à 5 divisions en roue et 5 étamines. Cherchons à la Pentandrie, et nous trouverons le mouron, qui est le symbole du rendez-vous.

Tige haute, feuilles ondulées, fleurs droites, variant dans toutes les couleurs, et 6 étamines. L'article spécial de l'Hexandrie ou 6 maris, apprend le nom de cette plante de jardin; c'est la tulipe, le symbole de la déclaration d'amour.

Ce bel arbre à feuilles digitées, fleurs blanches, panachées de rouge et de jaune, disposées en thyrse, corolle à 5 pétales et 7 étamines, doit faire partie de l'Heptandrie; c'est le marronier d'Inde, le symbole du luxe.

Cette plante à tige haute, feuilles oblongues, fleurs jaunes, à 4 pétales et 8 étamines, doit se trouver à l'Octandrie. Onagre est son nom, inconstance son symbole.

Hampe grosse et longue, feuilles pointues, fleurs roses, en ombelles, corolle à 5 pétales et 9 étamines.

Cette belle plante appartient à l'Ennéandrie ou 9 maris; c'est le jonc-fleuri, qui n'a pas encore de symbole. Remarquons en passant que les anciens n'ont pas prodigué le signe emblématique. La plupart des fleurs en sont privées.

Touffe d'une blancheur singulière, feuilles étroites et nombreuses, fleurs blanches, à 5 pétales bifides et 10 étamines. Voilà une plante de la Décandrie; c'est le céraiste ou argentine, le symbole de la naïveté.

Tige droite, feuilles épaisses, formant des rosettes imbriquées; fleurs purpurines, à 12 pétales pointus et 12 étamines. Cherchons à la Dodécandrie ou 12 maris, et nous reconnaîtrons la joubarbe, qui est le symbole de la vivacité.

Cet arbrisseau épineux, à feuilles lobées, fleurs blanches, renfermant 20 étamines insérées sur le calice, doit se rencontrer à l'Icosandrie, qui veut dire 20 maris; c'est l'aubépine, le symbole de l'espérance.

Tige haute, rameuse et rayée, feuilles lobées ou pinnatifides, fleurs jaunes fort petites, ayant plus de 20 étamines. Voyons la Polyandrie, qui signifie beaucoup de maris. Cette plante se nomme renoncule scélérate, le symbole de l'ingratitude.

Tige branchue, feuilles ridées et incisées, fleurs

rougeâtres, en épis délicats, corolle à 5 divisions et 4 étamines dont deux plus grandes. Le mot Didynamie veut dire deux puissances; c'est à cette classe que je trouve ma plante. Verveine est son nom, et enchantement son symbole.

Tiges dures, feuilles pointues, fleurs jaunes, à 6 étamines dont 4 grandes. Cette plante appartient nécessairement à la Tétradynamie, qui signifie 4 puissances; c'est la giroflée des murailles, le symbole de la fidélité au malheur.

Tiges couchées, feuilles arrondies, fleurs rougeâtres, à 5 pétales, renfermant des étamines réunies en faisceau ou paquet. Voilà une plante de la Monadelphie, qui veut dire fraternité; c'est la petite mauve, le symbole de la douceur.

Tige tendre, feuilles découpées, fleurs purpurines, en grappes droites, corolle à 4 pétales irréguliers et un éperon, avec des étamines réunies en deux faisceaux. Le mot Diadelphie signifie deux frères; c'est là qu'il faut chercher notre plante. Son nom est fumeterre, le symbole du fiel.

Tige garnie de feuilles ovales, fleurs dorées très-grandes, étamines réunies en trois faisceaux ou plus. C'est une plante de la Polyadelphie ou plusieurs frères. Elle se nomme mille-pertuis de la Chine, symbole du retard.

Cette plante à tige ailée, feuilles très-épineuses, fleurs purpurines, en petites têtes ramassées au sommet des rameaux, étamines unies par les anthères, appartient à la Syngénésie dont la signification est naître ensemble ; c'est le chardon crépu, le symbole de l'austérité.

Celle-ci qui a une tige droite, des feuilles lancéolées, des fleurs verdâtres, renfermant des étamines réunies au pistil, est une plante de la Gynandrie ou femme-mari ; c'est l'ophris araignée, le symbole de l'adresse.

Ce bel arbre à feuilles pinnatifides, fleurs mâles en grappes simples, fleurs femelles solitaires, glands par deux ou trois sur un pédoncule commun, appartient à la Monœcie, qui veut dire une seule maison ; c'est le chêne pédonculé, le symbole de l'hospitalité.

Cet autre à branches rabattues, feuilles lancéolées, fleurs en chatons, doit être de la Diœcie, qui signifie deux maisons, puisque ses fleurs mâles n'habitent pas le même arbre que les femelles ; c'est le saule-pleureur, le symbole de la mélancolie.

Et celui-ci qui a un tronc droit, des feuilles ailées et composées de 11 à 15 folioles, des fleurs herbacées, disposées en panicules lâches où se trouvent quelquefois mélangées les hermaphrodites, les mâles et les femelles ; c'est assurément un arbre de la Polygamie. Voyons la classe 23, nous reconnaîtrons le frêne, le symbole de la grandeur.

Voilà pour toutes les plantes qui ont des fleurs visibles, c'est-à-dire les Phanérogames. Nous avons pris nos sujets au hasard, un dans chaque classe ; les autres ne sont pas plus difficiles à analyser.

Voici pour toutes les plantes qui ont des fleurs douteuses ou invisibles, c'est-à-dire les Cryptogames et les Agames réunies en une seule classe. Nous emprunterons à cette dernière classe un sujet dans chaque famille.

Tiges rameuses, longues, lisses et gluantes, feuilles cylindriques et verticillées, graines rousses. Ces caractères indiquent la charagne.

Tiges rudes, feuilles allongées, fleurs jaunes, en épis. La famille Equisitacée fait connaître le nom de cette plante ; c'est la prêle ou queue de cheval.

Feuilles élevées, folioles allongées, capsules agglomérées sur leur milieu. C'est la fougère mâle, le symbole de la sincérité.

Tige simple, feuilles nombreuses, urnes droites, opercule pointu, coiffe conique. Cette jolie petite plante est une mousse, selon toute apparence ; c'est l'éteignoir.

Expansion foliacée et membraneuse, fleurs mâles

et femelles un peu visibles, capsules à 4 divisions. Cette plante se nomme hépatique des fontaines.

Cette végétation à feuilles cartilagineuses, formant un réseau de folioles d'un roux fauve, appartient à la famille des Lichens ; c'est la pulmonaire de chêne ou thé des Vosges.

Celle-ci qui croît dans la terre sans tige ni racines, et qui ressemble à une châtaigne ou à une pomme de terre, se nomme truffe. C'est un puissant aphrodisiaque qui rend les femmes plus tendres et les hommes plus aimables.

Cette poussière noire qui détruit l'orge et l'avoine, est de la famille des lycoperdonnées. Charbon ou nielle, voilà son nom.

Pédicule plein, chapeau blanc, feuillets rosés. C'est un champignon bon à manger, qu'on appelle agaric champêtre.

Et cette singulière plante qu'on prendrait pour de la gelée de viande répandue sur la terre humide ; c'est le premier degré du règne végétal, comme le cèdre en est le dernier, c'est le nostoch, enfin, de de la famille des Algues. Il vit moins de 12 heures, le cèdre plus de 12 siècles !

En suivant la route que nous venons de tracer, le jeune Botaniste marchera de découverte en découverte sans sortir de sa chambre. Trois mois lui suffiront pour se familiariser avec toutes les plantes qui croissent naturellement en France ; et, dans ses promenades champêtres, il les reconnaîtra comme des êtres avec lesquels il a déjà eu des relations. Il sera sans doute un peu plus embarrassé pour prononcer sur le compte des plantes d'agrément, attendu que la culture les force à multiplier leurs pétales au détriment de leurs étamines ; mais la description que nous en faisons le mettra à portée de les distinguer partout où il les rencontrera.

La page suivante doit être lue attentivement.

Abréviations employées dans l'Ouvrage.

A. Plante annuelle. Elle meurt dans la première année.

B. —— bisannuelle. Elle vit deux ou trois ans.

V. —— vivace. Elle vit au-delà de trois ans.

Les arbres et les arbrisseaux ont une durée qu'on ne peut fixer ; en général, ils vivent beaucoup plus long-temps que les hommes.

Mots isolés indiquant les endroits où les plantes se trouvent ordinairement.

Bois.
Bords des chemins.
Bords de l'eau.
Champs.
Coteaux.
Culture.
Eaux.
Haies.
Jardins.
Lieux humides.
Lieux secs.
Marais.
Montagnes.
Partout.
Prés.
Sables.
Serres chaudes.
Vieux murs.
Vignes.

PREMIÈRE PARTIE,

COMPOSÉE DE LA PHANÉROGAMIE, C'EST-A-DIRE DES PLANTES A MARIAGE APPARENT.

CLASSE I. — MONANDRIE (FLEURS A UNE ÉTAMINE).

Pesse d'eau : hippuris. Cette plante est seule de son espèce en France. Elle a une tige droite, des feuilles verticillées et des fleurs sans corolle. V. On la trouve dans les marais.

Famille atriplicée. (Portion, voyez la Table.)

Salicorne ou Passe-pierre : salicornia. Tige noueuse et sans feuilles, fleurs presque nulles, disposées en épis cylindriques. A. Marais. On confit cette plante dans le vinaigre pour l'usage de la table.

Blette effilée : blitum virgatum. Tige garnie de feuilles triangulaires, et de petits pelotons rouges imitant des fraises. A. Champs.

Blette à têtes ou Arroche fraise : blitum capitatum. Tige nue, feuilles grandes, fleurs blanchâtres, fruits comme des fraises. A. Jardins.

CLASSE II. — DIANDRIE (FLEURS A 2 ÉTAMINES).

Famille jasminée.

Jasmin officinal : jasminum officinale. Arbrisseau à tiges vertes, feuilles de 5 à 7 folioles, fleurs blanches, à 5 divisions obliques, symbole de l'amabilité. Jardins.

Jasmin cytise : jasminum fruticans. Arbrisseau toujours vert, à tiges droites, rameaux flexibles, feuilles trifoliées, fleurs d'un beau jaune. Jardins.

Jasmin à grandes fleurs ou Jasmin d'Espagne : jasminum grandiflorum. Arbuste toujours vert, à rameaux diffus, feuilles à 7 folioles, fleurs blanches en dedans et rouges en dehors, symbole de la sensualité. Jardins.

Koelreutérie : koelreuteria. Arbre à feuillage élégant, fleurs roses, en longues grappes, fruit vésiculeux. Jardins.

Troëne : ligustrum. Arbrisseau à feuilles lancéolées, fleurs blanches, disposées en thyrse, corolle à 4 divisions, fruit noir appelé raisin de chien, symbole de la défense. Haies. La variété qu'on cultive dans les jardins, a des feuilles persistantes.

Olivier : olea. Arbre toujours vert, à feuilles glauques et fleurs blanchâtres, symbole de la paix. Jardins. L'huile d'olive est excellente. Celle qu'on appelle huile vierge se fait à froid ; on s'en sert dans les pharmacies. La seconde qualité est souvent mêlée à l'huile d'œillette, pour la table. La dernière qualité est employée à faire le savon dit de Marseille.

Orne : ornus. Arbre à feuilles de 5 à 9 folioles, fleurs d'un blanc sale. On recueille la manne qui découle du tronc et des feuilles de ce végétal. Jardins.

Filaria : philirea. Arbrisseau toujours vert, à feuilles ovales, fleurs verdâtres, baies rouges. Jardins.

Lilas commun : syringa vulgaris. Arbrisseau à feuilles opposées, fleurs à 4 divisions, d'un violet pâle ou blanches, disposées en grappes. Les blanches sont le symbole de la jeunesse, les autres sont le symbole de la première émotion d'amour. On cultive aussi une variété de cet arbrisseau sous le nom de lilas de Marly, qui offre des fleurs rouges et tardives.

Lilas varin : syringa varina. Celui-ci est une espèce hybride, avec des fleurs plus grandes que les précédentes et d'un violet rougeâtre.

Lilas de Perse : syringa persica. Arbrisseau rameux et délicat, à feuilles lancéolées ou pinnatifides, quelquefois laciniées ; fleurs d'un violet très-clair ou tout-à-fait blanches. Jardins.

Famille pédiculariée. (Portion.)

Véronique de montagne : veronica montana. Tiges faibles, feuilles ovales, un peu velues ; fleurs à 4 divisions d'un bleu pâle. V. Bois.

Véronique petit chêne : veronica chamædrys. Tiges velues, feuilles ovales et dentées inégalement, fleurs d'un bleu pâle, disposées en grappes. V. Haies.

Véronique-Teucriette : veronica teucrium. Tiges fermes et velues, feuilles opposées, dures et dentées, fleurs d'un beau bleu mêlé de rouge. V. Montagnes.

Véronique à écusson : veronica scutellata. Tige faible, feuilles allongées, fleurs blanchâtres. V. Lieux humides.

Véronique mouronnée : veronica anagallis. Tige creuse, feuilles embrassantes, fleurs d'un bleu pâle ou rougeâtres. A. Champs.

Véronique - Beccabunga : veronica beccabunga. Tige forte, feuilles épaisses et arrondies, fleurs bleues. V. Eaux. Le suc de cette plante est un bon dépuratif.

Véronique mâle ou Thé d'Europe : veronica officinalis. Tiges ligneuses et souvent couchées, feuilles opposées, ovales et velues, fleurs petites, d'un bleu très-pâle. V. Montagnes. On prend cette véronique comme le thé ; elle est excitante, stomachique et cordiale.

Véronique à épi : veronica spicata. Tige courbée, feuilles molles, fleurs bleues. V. Lieux secs.

Véronique des champs : veronica arvensis. Tiges rougeâtres, feuilles cordiformes, fleurs bleuâtres. A. Partout.

Véronique printanière : veronica verna. Tige couchée, feuilles courtes, fleurs d'un bleu pâle s'épanouissant toute l'année. A. Lieux secs.

Véronique cultivée : veronica spuria. Tige droite, feuilles par trois, fleurs en beaux épis bleus. V. Jardins.

Véronique élevée : veronica excelsa. Tige haute, feuilles lancéolées, fleurs bleues, en longs épis. V. Jardins.

Véronique élégante : veronica elegans. Tige droite, feuilles dentées, fleurs roses, en épis nombreux. V. Jardins. Toutes les véroniques ont pour symbole la fidélité.

Famille labiée. (Portion.)

Gratiole ou Herbe à pàuvre homme: Gratiola. Tiges disposées en touffe et garnies de feuilles opposées, fleurs d'un blanc rougeâtre. V. Lieux humides. Cette plante est un puissant hydragogue qu'on emploie pour chasser les sérosités du corps; mais malheureusement les charlatans s'en servent pour procurer des évacuations nuisibles dont le peuple est émerveillé.

Utriculaire: utricularia. Tiges flottantes et couvertes de feuilles capillaires, fleurs jaunes assez grandes. V. Marais.

Grassette: pinguicula. Hampe courte, feuilles en rosette, fleurs violettes. A. Lieux humides sur les collines.

Lycope ou Marrube aquatique: lycopus. Tige carrée, feuilles ovales, fleurs blanches, en verticilles. V. Eaux.

Romarin: rosmarinus. Arbuste toujours vert, à feuilles nombreuses, étroites et roulées, fleurs d'un bleu pâle, symbole du baume consolateur. Jardins.

Tête de dragon: dracocephalum. Tige branchue,

feuilles dentées, fleurs violettes, en épi. V. Jardins.

Sauge des prés : salvia pratensis. Tige carrée et velue, feuilles grandes et ridées, fleurs bleues, roses ou blanches, disposées en verticilles. V. Lieux humides.

Sauge des champs : salvia sylvestris. Tige pubescente, feuilles oblongues, fleurs d'un beau bleu. V. Lieux secs.

Sauge-Sclarée ou Orvale : salvia sclarea. Tige très velue, feuilles cordiformes, fleurs d'un bleu cendré, entourées de bractées roses, répandant, comme toute la plante, une forte odeur de sueur humaine. V. Lieux secs.

Sauge officinale : salvia officinalis. Tige ligneuse, feuilles lancéolées, fleurs rougeâtres, en épi lâche. V. Jardins. Les quatre espèces précédentes sont toniques, stomachiques et cordiales. Leurs variétés sont : la sauge tricolore, la sauge panachée et la sauge auriculée, qui possèdent les mêmes vertus. Les deux espèces suivantes sont des plantes d'agrément.

Sauge splendide : salvia splendens. Tige élevée, feuilles vastes, fleurs rouges, bleues ou blanches. V. Jardins.

Sauge de Crète : salvia cretica. Joli petit buisson à feuilles fines, fleurs nombreuses et variées. V.

Jardins. Toutes les sauges sont le symbole de l'estime.

Famille onagrée. (Portion.)

Circée ou Herbe aux magiciennes : circæa. Tige dressée, feuilles opposées et longuement pétiolées, fleurs d'un blanc rougeâtre, corolle à 2 pétales, symbole du sortilège. V. Lieux humides.

Isnarde : isnardia. Tige rampante, feuilles ovales, fleurs verdâtres, à 4 divisions sans corolle. V. Marais.

CLASSE III. — TRIANDRIE (TROIS ÉTAMINES).

Famille valérianée.

Valériane officinale : valeriana officinalis. Tige élevée, feuilles à folioles pointues, fleurs rougeâtres, réunies en larges panicules, corolle à 5 divisions, symbole de la facilité. V. Lieux humides. La racine de cette plante est employée en poudre ou en décoction, comme antispasmodique et tonique, dans l'hystérie, l'épilepsie, les maux de nerfs et les fièvres putrides.

Valériane dioïque : valeriana dioïca. Tige moins

élevée que la précédente, feuilles ailées ou entières, fleurs mâles un peu rouges, fleurs femelles blanchâtres, disposées en têtes. V. Marais.

Centranthe ou Valériane rouge : centranthus ruber. Tiges étalées, feuilles lancéolées, fleurs rouges ou blanches, en panicules terminales. V. Jardins et vieux murs.

Mâche ou Doucette : valerianella olitoria. Tige dichotome, feuilles allongées, fleurs blanches ou bleuâtres. A. Champs. La doucette est laxative ; on la mange en salade presque toute l'année.

Mâche dentée : valerianella dentata. Cette espèce, qui est un peu velue, n'est bonne à rien. A. Champs.

Famille iridée.

Iris des marais ou Glaïeul : iris pseudo-acorus. Tiges en zig-zag, feuilles amplexicaules, fleurs jaunes, à 6 divisions profondes. V. Eaux. On a essayé, mais en vain, de remplacer le café par la graine grillée de cette belle plante.

Iris gigot : iris fœtidissima. Tige à un seul angle, feuilles allongées, fleurs grises. V. Bois.

Iris xiphoïde : iris xiphoïdes. Tige simple, feuilles étroites, fleurs bleues ou jaunes. V. Jardins.

Iris de Perse : iris persica. Feuilles linéaires sans

tige, fleurs radicales, d'un bleu pâle mêlé de jaune et de violet, symbole du message. V. Jardins.

Iris d'Allemagne ou Flambe : iris germanica. Tige droite, feuilles ensiformes, fleurs violettes, blanches ou jaunes, symbole de la flamme. V. Vieux murs et jardins. La racine de cette plante sert à parfumer les lessives ; les fleurs, avec la chaux, donnent le vert d'iris.

Iris naine : iris pimula. Tiges et feuilles égales, fleurs violettes ou bleues, souvent barbues. V. Jardins.

Agapanthe : agapanthus. Tiges hautes, feuilles longues, fleurs bleues, en ombelles élégantes. V. Jardins.

Safran jaune : crocus luteus. Feuilles radicales sans tige, fleurs jaunes, à 6 divisions. V. Jardins.

Safran printanier : crocus vernus. Feuilles radicales marquées d'une nervure blanchâtre, fleurs variant dans toutes les couleurs. V. Jardins.

Safran oriental : crocus orientalis. Feuilles radicales, fleurs violettes, symbole de l'abus. V. Jardins.

Glaïeul : gladiolus. Tige droite, feuilles ensiformes, fleurs d'un beau rouge, en épi unilatéral. V. Jardins.

Tradescante ou Ephémérine : tradescantia. Tige branchue, feuilles lancéolées, fleurs bleues, à 3 pétales, symbole du bonheur d'un instant. Les jolies fleurs de cette plante durent peu, mais elles se succèdent tout l'été. V. Jardins.

Famille cypéracée.

Souchet jaunâtre : cyperus flavescens. Tiges ramassées en gazon, feuilles comme radicales, fleurs en ombelles feuillées, corolle à une seule écaille. A. Prés.

Souchet brun : cyperus fuscus. Tiges nombreuses et inégales formant gazon; fleurs en ombelles garnies de folioles. A. Marais.

Souchet odorant : cyperus longus. Tiges triangulaires et nues, feuilles longues et rudes, panicule large, entourée d'une belle collerette de folioles. V. Eaux. La grosse racine de ce souchet est sudorifique et diurétique.

Choin blanc : schœnus albus. Touffe de tiges triangulaires, feuilles étroites et dressées, fleurs et graines en épis minces. V. Prés.

Choin noir : schœnus nigricans. Tige rameuse, feuilles brunes, fleurs en têtes noires. V. Prés.

Scirpe des marais : scirpus palustris. Tiges nues, feuilles radicales, fleurs en épis. V. Lieux humides.

Scirpe en épingle : scirpus acicularis. Tiges fines,

formant un joli petit gazon ; fleurs en épis ronds. A. Bords de l'eau.

Scirpe des bois : scirpus sylvaticus. Tiges hautes et triangulaires, feuilles élargies, fleurs en grosses ombelles noirâtres. V. Bois montueux.

Scirpe des étangs : scirpus lacustris. Tige très-élevée, nue, cylindrique et pleine de moelle ; fleurs rousses, en panicule. V. Eaux. Cette plante, qui est bien connue sous le nom de jonc, sert à couvrir des siéges, à faire des paillassons, etc.

Scirpe maritime : scirpus maritimus. Tiges hautes et coupantes, feuilles engaînantes, épis ronds et paniculés. V. Eaux.

Linaigrette engaînée : eriophorum vaginatum. Tige feuillée, fleurs en un seul épi rond et cotonneux. V. Marais.

Linaigrette à plusieurs épis ou Lin des marais : eriophorum polystachium. Tige haute, feuilles larges, fleurs nombreuses, entourées de 3 folioles. V. Marais.

Famille graminée. (Fleurs glumacées.)

Phléole des prés : phleum pratense. Tiges coudées du bas, feuilles planes, fleurs et graines en épis cylindriques, corolle à 2 valves. V. Prés et champs.

Phléole noueuse : phleum nodosum. Tige couchée, feuilles assez larges, épi court. V. Prés.

Phalaris roseau : phalaris arundinacea. Tiges hautes, feuilles grandes, panicule violette. V. Bords de l'eau. On en cultive une belle variété, à feuilles rayées de blanc et panachées.

Phalaris des Canaries ou Alpiste : phalaris canariensis. Tiges articulées, feuilles larges et engaînantes, fleurs en épis panachés de vert et de blanc. A. On cultive cette plante pour sa graine nommée graine de canari, qui sert de nourriture aux serins et qu'on emploie à faire la colle des tisserands.

Vulpin des prés : alopecurus pratensis. Tiges élevées, feuilles engaînantes, épis cylindriques, doux au toucher. V. Lieux humides.

Vulpin des champs : alopecurus agrestis. Tiges en touffe, feuilles étroites, épis grêles. A. Partout. Le vulpin est recherché des animaux herbivores.

Flouve odorante : anthoxanthum odoratum. Tiges en touffe, feuilles planes, épis ovales. V. Coteaux. Cette plante parfume le foin de montagne.

Lamarckia : plante à tige articulée, feuilles engaînantes, panicule allongée, dédiée à Lamarck. A. Prés.

Panis : panicum. Tiges touffues, feuilles rudes, épis verticillés et accrochants. A. Champs.

Panis d'Italie ou Millet des oiseaux : panicum

italicum. Tiges hautes, feuilles larges, épis rameux, graine alimentaire. A. Culture.

Panis-Millet ou Mil : panicum miliaceum. Tiges fortes, feuilles grandes, panicule pendante, graine alimentaire. A. Culture.

Agrostis ou Epi du vent: agrostis spica-venti. Tige droite, feuilles rudes, panicule soyeuse. A. Champs.

Agrostis rouge : agrostis rubra. Tige haute, feuilles rudes, panicule rouge. A. Prés.

Agrostis des chiens : agrostis canina. Tiges coudées à la base et souvent rampantes, feuilles courtes, étroites et roulées, panicules violettes. V. Lieux humides.

Calamagrostis. Le nom de cette plante n'est pas francisé. Tiges hautes et hispides, feuilles longues, panicule vaste, panachée de vert, de violet et de soies. V. Bords de l'eau.

Nard : nardus. Tiges gazonneuses, feuilles étroites, épis droits. V. Sables.

Canche en gazon : aira cœspitosa. Touffe arrondie, tiges dures, feuilles longues, panicule ample. V. Bois.

Canche caryophyllée : aira caryophyllea. Tiges et feuilles fines, panicule soyeuse. A. Bois.

Canche précoce : aira præcox. Tiges fines, feuilles capillaires, épis délicats. V. Sables.

Canche blanchâtre : aira canescens. Tiges coudées, feuilles piquantes, fleurs en épis. A. Sables.

Mélique penchée : melica nutans. Tiges droites, feuilles planes, panicule inclinée et tournée d'un seul côté. V. Bois.

Mélique bleue : melica cœrulea. Tiges hautes, feuilles longues, panicule variée de vert, de violet et de pourpre, servant à faire de jolis balais. V. Bois et bords de l'eau.

Digitaire : digitaria. Tige inclinée, feuilles larges, épis nombreux, de couleur pourpre. A. Champs.

Avoine folle : avena fatua. Tiges élevées, feuilles planes, panicule grande et penchée. A. Champs.

Avoine élevée ou Fromental : avena elatior. Tiges fortes, feuilles élargies, panicule allongée et inclinée. V. Champs. Cette espèce fait de bonnes prairies artificielles.

Avoine des prés : avena pratensis. Tiges garnies à leur base de beaucoup de feuilles étroites, panicule serrée. V. Lieux humides.

Avoine bulbeuse ou Chiendent à patenôtre : avena bulbosa. Tige haute, feuilles planes, panicule grêle, racine en chapelet. V. Champs.

Avoine cultivée : avena sativa. Tige ferme, feuilles planes, panicule étalée. A. Culture.

Avoine nue : avena nuda. Les valves de cette espèce quittent la graine à sa maturité. A. Culture.

Avoine orientale : avena orientalis. Tige grosse, feuilles larges, panicule unilatérale. A. Culture. La graine d'avoine sert à préparer le gruau, et, étant torréfiée, elle donne aux crêmes le goût de la vanille.

Pied de poule : cynodon dactylon. Tiges nombreuses, rampantes et enracinées, feuilles distiques, épi digité. V. Champs. Cette plante peut remplacer le chiendent, comme délayante et diurétique.

Roseau à balais : arundo phragmites. Tige élevée et garnie de grandes feuilles coupantes, panicule brune très-ample, symbole de la souplesse. V. Eaux.

Roseau noirâtre : arundo nigricans. Tige haute, feuilles larges, panicule brune. V. Bois.

Roseau cultivé : arundo donax. Tige très-élevée, feuilles longues, panicule pourpre, symbole de l'indiscrétion et de la musique. V. Jardins.

Roseau-Canne à sucre : arundo saccharifera. Tige forte, glabre et succulente, feuilles rabattues, panicule fournie. V. Serres chaudes. C'est un Arabe qui, le premier, en a extrait le sucre en 1250.

Glycère ou Manne de prusse : glyceria. Tige molle, feuilles larges, panicule longue. V. Eaux. La graine de Glycère, réduite en gruau, sert de nourriture en Allemagne.

Fétuque-Queue de rat : festuca myurus. Tiges un peu courbées, feuilles menues, panicule serrée. A. Bois.

Fétuque-Queue d'écureuil : festuca sciuroïdes. Elle ne diffère de la précédente que par ses tiges plus nombreuses. A. Champs.

Fétuque duriuscule : festuca duriuscula. Tiges fines et gazonneuses, feuilles étroites et roulées, panicule raide. V. Lieux secs.

Fétuque flottante : festuca fluitans. Tiges tendres, feuilles carénées et molles, panicule longue et écartée. V. Eaux.

Koélérie à crête : koeleria cristata. Tiges touffues, feuilles poilues, panicule serrée. V. Lieux secs.

Paturin commun : poa trivialis. Tiges droites, feuilles planes et membraneuses à la gaine, panicule panachée de vert et de pourpre. V. Champs.

Paturin des prés : poa pratensis. Tiges lisses, feuilles repliées, panicule pourprée. V. Lieux humides.

Paturin des bois : poa nemoralis. Tiges grêles, feuilles étroites, panicule effilée. V. Lieux humides.

Paturin annuel : poa annua. Tiges étalées, feuilles tendres, panicule rameuse. A. Partout. Cette plante fructifie et se reproduit toute l'année.

Paturin élevé : poa elatior. Tige simple, feuilles

engaînantes, panicule peu fournie. V. Bois. Rien n'est plus commun que les cinq espèces précédentes. Cette herbe forme une bonne partie de la verdure des campagnes.

Paturin aquatique : poa aquatica. Tiges très-hautes, feuilles extrêmement longues et coupantes, panicule de plus d'un pied. V. Eaux.

Brize ou Amourette : briza. Tiges faibles, feuilles courtes, fleurs fort jolies, de couleur violette; panicule ouverte et tremblante, symbole de la frivolité. V. Prés.

Brome des seigles : bromus secalinus. Tiges hautes et velues aux nœuds, feuilles longues, panicule peu garnie. A. Champs. La graine de cette plante est aussi dangereuse dans le pain que celle d'ivraie.

Brome mollet : bromus mollis. Tiges velues, feuilles blanchâtres, panicule courte. A. Prés.

Brome droit : bromus erectus. Tiges nues, feuilles étroites, panicule dressée. A. Prés.

Brome des champs : bromus arvensis. Tiges hautes, feuilles rudes, panicule très-longue. A. Partout.

Brome des prés : bromus pratensis. Tiges velues, feuilles larges, panicule droite. V. Lieux humides.

Brome rude : bromus asper. Tiges fortes et poilues, feuilles longues, panicule tombante. V. Bois.

Brome gigantesque : bromus giganteus. Tiges très-élevées, à nœuds noirs; feuilles larges, panicule allongée. V. Lieux humides.

Dactyle : dactylis. Tige rude, feuilles engaînantes, panicule tournée d'un seul côté. V. Bords des chemins.

Cynosure à crêtes : cynosurus cristatus. Tiges droites, feuilles étroites, panicule en forme d'épi. V. Prés.

Froment rampant ou Chiendent : triticum repens. Racines traçantes, tiges garnies de feuilles planes, épis grêles, symbole de la persévérance. V. Partout. La tisane de chiendent est délayante et diurétique.

Froment des chiens : triticum caninum. Tiges droites, feuilles longues, épis allongés. V. Haies.

Froment ou Blé : triticum hibernum. Tout le monde connaît cette plante précieuse. Ses variétés sont : le blé blanc sans barbe et le barbu ; le rouge avec ou sans barbe ; le blé de mars barbu ou non ; et le blé de crète. A.

Froment-Epeautre : triticum spelta. Tiges et feuilles comme le froment, épi distique, graine allongée. A.

Froment renflé : triticum turgidum. Tige forte, épi carré, graine bossue. A. Les variétés de cette espèce sont : le gros blé barbu ; le blé à épi rameux ; et le blé de miracle. A.

Froment-Locar ou Petit épeautre et Riz de montagne : triticum monococcum. Tige redressée, épi comprimé et barbu, graine triangulaire, employée à faire de bons potages. A. Tous les blés cultivés sont le symbole de la richesse. Le gluten renfermé dans le grain est la partie essentiellement nutritive ; c'est lui qui fait lever et boursouffler le pain. Les autres céréales sont privées de cette substance : voilà pourquoi elles sont peu nourrissantes.

Ivraie vivace : lolium perenne. Tiges droites, feuilles étroites, épis aplatis et allongés. V. Partout. Cette plante, qui est le symbole de l'utilité, forme le gazon des jardins et des champs. On en fait aussi des prairies artificielles sous le nom de ray-grass, à l'instar des Anglais.

Ivraie enivrante : lolium temulentum. Tiges hautes, feuilles larges, épis très-longs, symbole du vice. A. Champs. La graine de cette espèce est nuisible et délétère.

Ivraie multiflore : lolium multiflorum. Tiges très-élevées, feuilles nombreuses, épis d'une longueur démesurée. A. Prés.

Elyme : elymus. Tiges droites et garnies de feuilles planes, épis allongés et divisés. V. Bois.

Orge des murs : hordeum murinum. Tiges coudées, feuilles molles, épis serrés. A. Bords des chemins et vieux murs.

Orges des prés : hordeum pratense. Tiges garnies de feuilles courtes, épis comprimés. V. Lieux humides.

Orge cultivée : hordeum vulgare. Tiges feuillées, graine adhérente à la valve. A. L'orge céleste est libre ; on en fait l'orge mondé. Le perlé est dépouillé de sa première pellicule.

Orge à deux rangs ou Sucrion, hordeum distichum. Tige droite, feuilles planes, épis allongés. A.

Orge à 6 rangs ou Escourgeon : hordeum hexastichum. Tiges hautes, feuilles rudes, épis très-gros. A.

Seigle : secale. Tiges hautes, feuilles courtes, épis plats. A. Le pain de seigle nourrit mal, parce qu'il est laxatif, et surtout parce qu'il manque de gluten.

Riz : oriza. Tiges fortes, feuilles longues, panicule étalée. V. Culture. Le riz forme la nourriture ordinaire des Indiens, qui en font aussi des boissons et des liqueurs agréables et saines.

Famille portulacée. (Portion.)

Montia des fontaines : montia fontana. Tige tendre, feuilles charnues, fleurs blanchâtres, à 5 pétales. A. Eaux.

Famille caryophyllée. (Portion.)

Holostée : holosteum. Tiges garnies de deux ou trois paires de feuilles et de poils gluants, fleurs blanches, en ombelles simples, corolle à 5 pétales dentés. A. Vieux murs.

CLASSE IV. — TÉTRANDRIE (QUATRE ÉTAMINES).

Famille globulariée.

Globulaire : globularia. Tige garnie de petites feuilles alternes, et de fleurs bleues, réunies en tête ronde. V. Coteaux. Cette plante est purgative.

Famille dipsacée.

Cardère sauvage : dipsacus sylvestris. Tige aiguillonnée, feuilles disposées de manière à retenir l'eau, fleurs rougeâtres, en grosses têtes sphériques. B. Bords des chemins.

Cardère poilu ou Verge de pasteur : dipsacus pilosus. Tige haute et branchue, feuilles larges, fleurs en petites têtes blanchâtres et bleuâtres. B. Marais.

Cardère cultivé ou Chardon à foulon : dipsacus fullonum. Tige aiguillonnée, feuilles réunies par deux pour conserver l'eau des pluies, fleurs en très-grosses têtes pourprées légèrement. B. Cette plante est cultivée pour l'usage des bonnetiers et des drapiers. Les trois espèces sont le symbole du bienfait.

Scabieuse des champs : scabiosa arvensis. Tige rameuse, feuilles pinnatifides, fleurs d'un bleu cendré, agglomérées en têtes longuement pédonculées. V. Champs. Cette scabieuse est en grand usage contre la gale et les dartres. Elle est le symbole du deuil et du veuvage, ainsi que les suivantes.

Scabieuse-Succise ou Mors du diable : scabiosa succisa. Tige haute, feuilles ovales, fleurs bleues, en têtes globuleuses, corolles égales. V. Prés.

Scabieuse-Colombaire : scabiosa columbaria. Tige branchue, feuilles du haut pinnatifides ; fleurs bleuâtres, celles des bords plus grandes. V. Lieux secs.

Scabieuse odorante : scabiosa suavolens. Tige pubescente, feuilles entières dans le bas et divisées en haut, fleurs bleuâtres. V. Lieux secs.

Scabieuse pourpre : scabiosa atropurpurea. Tige rameuse, feuilles spatulées dans le bas, les autres pinnatifides ; fleurs réunies en têtes hémisphériques, corolles extérieures très-grandes. A. Jardins.

Famille plantaginée.

Plantain à larges feuilles : plantago major. Feuilles

radicales à 7 nervures, hampe couronnée par un épi très-long, composé de fleurs blanchâtres. V. Lieux humides.

Plantain moyen : plantago media. Feuilles ovales et étalées, hampes et épis cylindriques. V. Bords des chemins.

Plantain lancéolé : plantago lanceolata. Feuilles longues, hampes anguleuses, épis ovales, de couleur brune. V. Prés. L'eau distillée des trois espèces ci-dessus est bonne pour les maux d'yeux.

Plantain des sables ou Herbe aux puces : plantago arenaria. Tige rameuse, feuilles étroites, fleurs blanchâtres, en têtes ovoïdes. Les graines de celui-ci ressemblent à des puces. On les emploie à blanchir les mousselines, et comme calmantes et adoucissantes. A. Lieux secs.

Plantain-Corne de cerf : plantago coronopus. Feuilles pinnatifides étalées sur la terre, hampes et épis grêles, de couleur jaunâtre. A. Lieux secs.

Famille asparaginée. (Portion.)

Mayanthême à deux feuilles : mayanthemum bifolium. Tige mince, terminée par deux feuilles cordiformes ; ou point de tige., mais une seule feuille ; fleurs blanches, à 4 divisions. V. Bois.

Famille rubiacée.

Garance : rubia. Racines traçantes, tiges carrées et aiguillonnées, feuilles verticillées, fleurs jaunâtres, symbole de la calomnie. V. Culture. La racine de garance fournit une bonne couleur rouge pour teindre les étoffes de tous genres.

Gaillet jaune ou Caille-lait : galium verum. Tiges grêles, feuilles verticillées, fleurs jaunes, par milliers. V. Bords des chemins. Cette plante est antispamodique, et elle fait cailler le lait, aussi bien que la présure.

Gaillet blanc : galium mollugo. Tiges longues, feuilles verticillées, fleurs blanches. V. Prés.

Gaillet des bois : galium sylvaticum. Tiges renflées aux articulations, feuilles disposées comme les précédentes, fleurs rougeâtres. V. Lieux humides.

Gaillet des marais : galium palustre. Tiges rudes, feuilles par 4 ou 5, fleurs blanches. V. Lieux humides.

Gaillet à trois cornes : galium tricorne. Tige haute mais faible, feuilles verticillées par 8 et garnies de crochets, fleurs blanchâtres. A. Champs.

Gaillet ou Gratteron : galium aparine. Tige grimpante, feuilles verticillées, fleurs jaunâtres, fruit hérissé, symbole de la rudesse. A. Haies.

Gaillet laineux : galium uliginosum. Tige irrégulière, feuilles poilues, fleurs blanches. V. Champs.

Aspérule des champs : asperula arvensis. Tige droite, feuilles verticillées, fleurs bleues, en têtes garnies de feuilles. A. Partout.

Aspérule odorante ou Petit muguet : asperula odorata. Tiges droites, feuilles comme les précédentes, fleurs blanches, en corymbes. V. Bois.

Aspérule-Herbe à l'esquinancie : asperula cynanchica. Tiges grêles, feuilles par 4, fleurs rougeâtres. V. Coteaux.

Aspérule des teinturiers : asperula tinctoria. Tiges rouges, feuilles verticillées, fleurs blanches. V. Coteaux.

Valance-Croisette : valancia cruciata. Tiges velues, feuilles et fleurs jaunes, nombreuses et verticillées. V. Haies.

Shérarde : sherardia. Tiges couchées, feuilles verticillées, fleurs d'un bleu rouge, en têtes garnies de feuilles, symbole des sensations. A. Champs.

Famille caprifoliacée. (Portion.)

Cornouiller mâle : cornus mascula. Arbrisseau à feuilles opposées, fleurs jaunes, à 4 pétales, paraissant avant les feuilles, symbole de la durée. Le bois de cornouiller est un des plus durs de nos climats, et le fruit appelé cornouille ou corniole, est bon à manger. Bois.

Cornouiller sanguin : cornus sanguinea. Arbrisseau à branches rouges, feuilles ovales, fleurs blanches, fruit noir. Haies.

Famille rosacée. (Portion.)

Alchemille : alchemilla. Tiges garnies de feuilles lobées, fleurs verdâtres très-petites. V. Bois.

Aphanès : aphanes. Tiges délicates, feuilles lobées, fleurs jaunâtres. A. Champs.

Famille aquifoliacée.

Houx : ilex. Arbrisseau toujours vert, à feuilles piquantes, fleurs blanches, à 4 pétales, baies rouges connues sous le nom de cenelles, symbole de la prévoyance. On prépare la glu avec ce fruit, et la graine qu'il renferme, a le goût du café, étant torréfiée. Haies.

Célastre : celastrum. Arbrisseau à tiges sarmenteuses, s'élevant à des hauteurs considérables; feuilles ovales, fleurs blanchâtres. Jardins.

Famille caryophyllée. (Portion.)

Sagine couchée : sagina procumbens. Tiges étalées, feuilles linéaires, fleurs blanchâtres, quelquefois sans pétales. A. Sables.

Sagine droite : sagina erecta. Tiges redressées, feuilles aiguës, fleurs blanches, couvertes par le calice. A. Prés.

Radiole : radiola. Tige grêle, feuilles opposées, fleurs blanches. A. Bois.

Famille naïadée. (Portion.)

Potamogéton nageant ou Epi d'eau : potamogeton natans. Tiges très-longues, feuilles oblongues, fleurs blanchâtres, en épis cylindriques. V. Eaux.

Potamogéton transparent : potamogeton lucens. Tiges tendres, feuilles diaphanes et terminées par une pointe, fleurs en épis. V. Eaux.

Potamogéton obscur : potamogeton obscurum. Tiges simples, entièrement submergées ; feuilles lancéolées, fleurs verdâtres, en épis. V. Eaux.

Potamogéton pectiné : potamogeton pectinatum. Tiges disposées suivant le cours de l'eau, feuilles fines imitant les dents d'un peigne ; fleurs en épis verdâtres. V. Eaux.

Famille onagrée. (Portion.)

Mâcre nageante ou Châtaigne d'eau : Trapa natans.

Tige flottante, feuilles arrondies, fleurs blanchâtres, à 4 pétales, fruit armé de pointes. V. Eaux. Cette espèce de châtaigne est alimentaire.

CLASSE V. — PENTANDRIE (CINQ ÉTAMINES).

Famille borraginée.

Bourrache : borrago. Tige velue et poilue, feuilles grandes, fleurs bleues, à 5 divisions en roue, symbole de la brusquerie. A. Champs. Cette plante est pectorale et diaphorétique. On mange ses fleurs avec la salade.

Héliotrope d'Europe ou Herbe aux verrues : héliotropium europæum. Tige rameuse, feuilles ovales et ridées, fleurs blanches, en petites grappes recourbées. A. Champs.

Héliotrope du Pérou: héliotropium peruvianum. Arbuste toujours vert, à feuilles étroites et fleurs nuancées, symbole de l'enivrement d'amour. Jardins.

Vipérine : echium. Tiges rudes et ponctuées de noir, feuilles longues, fleurs bleues, roses ou blanches, en grappes unilatérales et recourbées. B. Partout.

Lantana-Camara : lantana. Tiges velues, feuilles ridées, fleurs jaunes ou rouges, en corymbes élégants. V. Jardins.

Camara jaune : lantana lutea. Arbrisseau à tiges étalées, feuilles ridées, fleurs jaunes, disposées comme les précédentes. Jardins.

Camara blanc de neige : lantana nivea. Arbrisseau aiguillonné, à feuilles lancéolées, fleurs blanches, entourées d'épines, symbole des rigueurs. Jardins.

Grémil officinal ou Herbe aux perles : lithospermum officinale. Tiges fortes et velues, feuilles pointues, fleurs blanches, graine imitant des petites perles. V. Lieux secs.

Grémil bleu-pourpre : lithospermum purpuro-cœruleum. Tiges redressées, feuilles lancéolées et rudes, fleurs violettes, graines blanches. V. Bois.

Grémil des champs : lithospermum arvense. Tiges dures, feuilles molles, fleurs blanches, graines ridées. A. Partout.

Pulmonaire : pulmonaria. Tiges simples, tendres et velues, feuilles ovales, souvent maculées ; fleurs bleues, en corymbes. V. Bois.

Consoude : simphytum. Tiges ailées et velues, feuilles grandes et décurrentes, fleurs rouges ou blanches, en petites grappes. V. Lieux humides. Cette plante mucilagineuse est employée dans les diarrhées et les hémorragies.

Lycopsis des champs ou Petite buglosse : lycopsis

arvensis. Tiges poilues, feuilles allongées, fleurs en épis, corolle bleue, tube blanc ainsi que la gorge. A. Lieux secs.

Buglosse officinale ou Langue de bœuf : anchusa officinalis. Tige poilue, feuilles lancéolées, fleurs violettes, quelquefois blanches, disposées en grappes recourbées et divisées, symbole du mensonge. V. Bords des chemins. Cette plante est pectorale et diaphorétique.

Myosotis annuel ou Oreille de souris : myosotis annua. Tige poilue, feuilles blanchâtres, fleurs bleues, avec la gorge jaune. A. Lieux secs.

Myosotis vivace : myosotis perennis. Tiges simples, feuilles lancéolées, fleurs bleues ou blanches, en grappes courbées. V. Prés.

Myosotis des marais ou Plus je vous vois, plus je vous aime : myosotis palustris. Tiges dressées, feuilles oblongues, fleurs bleues, symbole du souvenir. V. Eaux. On en cultive plusieurs variétés qui fleurissent sans cesse et qui ont pour devise : Ne m'oubliez pas !

Rapette : asperugo. Tiges couchées, feuilles rudes, fleurs bleues. A. Lieux secs.

Cynoglosse officinale ou Langue de chien : cynoglossum officinale. Tiges fortes, feuilles vastes dans le bas et rétrécies en haut, fleurs rouges ou blanches, en grappes unilatérales, graines épineuses. B. Bords des chemins.

Cynoglosse lappule : cynoglossum lappula. Tige simple, feuilles obtuses, fleurs et fruits comme dans la plante précédente. A. Champs.

Cynoglosse des jardins : cynoglossum omphalodes. Tiges fortes, feuilles lancéolées, fleurs variées. V.

Famille primulacée.

Primevère officinale ou Coucou : primula officinalis. Feuilles radicales, hampes pubescentes, fleurs tubuleuses, de couleur jaune, symbole de la première jeunesse. V. Partout. Le coucou est employé comme pectoral, dans les rhumes et catarrhes.

Primevère élevée : primula elatior. Feuilles ridées, hampes longues, fleurs d'un jaune pâle. V. Bois.

Primevère à grandes fleurs : primula grandiflora. Feuilles allongées, pédoncules uniflores, corolle variée. V. Bois.

Primevère-Oreille d'ours : primula auricula. Feuilles spatulées, pédoncules radicaux, fleurs de toutes les couleurs. V. Jardins.

Primevère de Chine : primula chinensis. Feuilles larges, fleurs très-variées se développant toute l'année. V. Jardins.

Cyclame ou Pain de pourceau : cyclamen. Racine

tuberculeuse, feuilles arrondies, fleurs rouges. V. Jardins.

Gyroselle ou Les douze dieux : dodecatheon. Feuilles radicales, hampe droite et terminée par 12 fleurs rouges ayant pour devise : Vous êtes ma divinité. V. Jardins.

Hottonia-Mille-feuille aquatique : hottonia. Tiges inondées, feuilles verticillées, fleurs roses. V. Eaux.

Lysimachie commune ou Corneille et Chasse-bosse: lysimachia vulgaris. Tiges fortes, feuilles allongées, fleurs jaunes, en panicules, corolle à 5 divisions. V. Bords de l'eau.

Lysimachie-Numulaire ou Herbe aux écus : lysimachia numularia. Tiges rampantes, feuilles orbiculaires, fleurs d'un jaune éclatant. V. Lieux humides. Les deux espèces avaient autrefois une grande réputation ; leur usage est abandonné.

Mouron des champs : anagallis arvensis. Tige faible, feuilles ovales, fleurs rouges ou bleues, à 5 divisions en roue, symbole du rendez-vous. A. Partout. Le mouron a été long-temps préconisé contre la rage. Malheureusement l'expérience n'a pas confirmé cette propriété. Il n'y a jusqu'à présent aucun moyen de guérir cette terrible maladie. Du reste, les remèdes vraiment efficaces pour combattre les maux qui affligent le genre humain, sont peu nombreux. Un médecin, célèbre à juste titre, m'a assuré qu'il n'en connaissait que quatre, savoir : le mercure pour la siphilis, le soufre pour la gale, le baume de copahu pour les écoulements, et le sulfate de quinine pour les fièvres réglées.

Mouron tenelle : anagallis tenella. Tiges couchées, feuilles arrondies, fleurs roses. V. Lieux humides.

Samolus-Mouron d'eau : samolus. Tige dressée, feuilles ovales, fleurs blanches. B. Marais.

Famille convolvulacée.

Liseron des champs : convolvulus arvensis. Plante délicate, à tiges grimpantes, feuilles en fer de flèche, fleurs blanches ou roses, en cloche, symbole de l'humilité. V. Partout.

Liseron des haies : convolvulus sepium. Tiges grimpantes, feuilles en cœur, fleurs blanches très-grandes. V. Haies. L'extrait de cette plante est un bon purgatif.

Liseron tricolore ou Belle de jour : convolvulus tricolor. Tiges couchées, feuilles ovales, fleurs de trois couleurs, symbole de la coquetterie. A. Jardins.

Liseron-Volubilis : convolvulus-purpureus. Plante assez semblable aux précédentes, mais avec des fleurs pourpres. A. Jardins.

Ipomée : ipomea. Tiges grimpantes, feuilles en cœur, fleurs écarlates, symbole de l'étreinte et de l'attachement. A. Jardins.

Cuscute : cuscuta. Plante parasite sans feuilles, à tiges grimpantes, fleurs en clochettes scarieuses, symbole de la bassesse. A. Champs. La cuscute vit sur le genêt, la bruyère, l'ortie, le chanvre et toutes les légumineuses.

Famille solanée.

Morelle noire : solanum nigrum. Tiges étalées, feuilles anguleuses, fleurs blanches, en ombelles pédonculées, corolle à 5 divisions en roue, baies noires. A. Champs.

Morelle velue : solanum villosum. Elle ressemble à la précédente, excepté par ses baies ou fruits, qui sont jaunâtres. A. Champs.

Morelle écarlate : solanum miniatum. Tiges fortes, feuilles grandes, fleurs blanches, baies rouges. A. Champs. Les trois espèces ci-dessus sont calmantes, émollientes et narcotiques. Quelques personnes en mangent pourtant les feuilles, comme les épinards.

Morelle-Douce-amère : solanum dulcamara. Tiges ligneuses, feuilles pointues et souvent lobées à la base, fleurs bleues ou blanchâtres, baies rouges, symbole de la vérité. V. Haies. La décoction des tiges de douce-amère est bonne contre toutes les maladies de la peau.

Morelle tubéreuse ou Pomme de terre et Parmentière : solanum tuberosum. Tiges creuses, feuilles ailées, fleurs blanches ou violettes. V. Culture. La pomme de terre nous a été apportée du Pérou en 1590; mais c'est seulement en 1784 que l'immortel Parmentier a mis en évidence les qualités alimentaires, alcooliques et médicinales de ce précieux tubercule. On en fait du pain, de l'eau-de-vie et des remèdes.

Morelle bordée : solanum marginatum. Arbrisseau à rameaux droits, feuilles lancéolées, fleurs jaunâtres, fruit jaune, de la grosseur d'une pomme. Serres chaudes.

Morelle-Aubergine ou Melongène : solanum sculentum. Tiges cotonneuses, feuilles grandes, fleurs bleuâtres, fruit violet ou blanc imitant un œuf, comestible à sa maturité. A. Jardin.

Morelle-Faux piment ou Amomum et Cerisier d'hiver : solanum pseudo-capsicum. Arbuste toujours vert, à feuilles lancéolées, fleurs blanches, fruit absolument semblable à la cerise. Jardins.

Morelle-Tomate ou Pomme d'amour : solanum lycopersicum. Tige haute, tendre et velue, feuilles ailées, fleurs jaunes, fruit gros, rouge et succulent, en grand usage dans la cuisine. A. Jardins.

Piment ou Poivre long : capsicum. Tige glabre, feuilles lancéolées, fleurs blanches, fruit rouge connu sous le nom de poivre d'Espagne. A. Jardins.

Molène-Bouillon-blanc : verbascum thapsus. Tige vigoureuse, feuilles blanches et drapées, fleurs jaunes, symbole du bon naturel. B. Bords des chemins. La fleur de molène est calmante et émolliente ; la graine enivre le poisson, comme les coques du Levant.

Molène pulvérulente : verbascum pulverulentum. Tige et feuilles couvertes de flocons blancs, fleurs jaunes. B. Sables.

Molène noire : verbascum nigrum. Tige droite, feuilles d'un vert foncé, fleurs jaunes très-petites. V. Lieux secs.

Molène-Blattaire : verbascum blattaria. Tige haute, feuilles glabres, fleurs jaunes, solitaires le long des rameaux. B. Lieux humides.

Molène à feuilles de blattaire : verbascum blattarioïdes. Tige élevée, feuilles glabres, fleurs jaunes, par 2 ou 3, en long épi. B. Prés.

Datura-Stramoine ou Pomme épineuse : datura stramonium. Tige forte, feuilles grandes, fleurs blanches, en entonnoir, capsule hérissée de pointes, symbole du déguisement. Cette plante est très-narcotique. On s'en sert contre les douleurs inflammatoires et le cancer, en lotion et fomentation. On l'emploie aussi dans les affections nerveuses, mais en extrait et à petites doses. La chimie en obtient la daturine, poison actif. A. Bords des chemins.

Datura fastueux ou Trompette du jugement: datura fastuosa. Tige gigantesque, feuilles vastes, fleurs blanches ou violettes, corolle très-évasée, double et triple, symbole du soupçon. A. Jardins.

Datura-Herbe à la taupe: datura tatula. Tige forte, feuilles allongées, fleurs bleues. V. Jardins. On assure que cette plante fait mourir ou éloigne les taupes.

Datura en arbre: datura arborea. Arbrisseau à feuilles élargies, fleurs blanches, odorantes, mais dangereuses, symbole des charmes trompeurs. Nous nous permettons d'ajouter à ce symbole remarquable: toutes les fleurs, même celles qui n'ont point d'odeur, sont très-nuisibles dans un appartement fermé; l'acide carbonique qu'elles recèlent et qui s'en dégage, peut donner la mort par asphyxie.

Datura sans épines: datura inermis. Cette espèce se distingue assez des précédentes par son fruit lisse. V. Jardins.

Lyciet d'Europe: lycium europæum. Arbrisseau épineux, à tiges longues, feuilles ovales, fleurs roses, baies rouges. Haies et jardins.

Lyciet de Barbarie ou Jasminoïde: lycium barbarum. Arbrisseau épineux, à rameaux longs et pendants, feuilles lancéolées, fleurs rouges, baies brunes. Jardins.

Tabac rustique: nicotiana rustica. Tige gluante, feuilles pétiolées, fleurs verdâtres. A. Culture. Cette espèce s'est naturalisée en France; on en rencontre sur les décombres et dans les bois où l'on fait du charbon.

Tabac de Virginie: nicotiana tabacum. Celui-ci est plus grand, ses feuilles sont sessiles et ses fleurs purpurines. A. Culture. C'est Nicot qui a apporté cette plante d'Amérique, en 1560. Les Caraïbes la fumaient alors dans le calumet. Le tabac contient de la résine, de l'alcali, et de l'huile empyreumatique, qui est un poison. On ne s'en sert guère en médecine que comme drastique et en lavement. Tout le monde sait d'ailleurs qu'il est enivrant et narcotique.

Tabac délicat: nicotiana fragilis. Tiges résineuses, feuilles velues, fleurs en cloches de toutes les couleurs. V. Jardins.

Tabac en arbre: nicotiana fruticans. Arbrisseau à feuilles étroites et fleurs rouges ou jaunes. Serres chaudes.

Belladone: atropa belladona. Tiges fortes, feuilles ovales, fleurs pourprées, fruit noir, de la grosseur d'une merise. V. Bois et jardins. Cette plante est stupéfiante. On l'emploie dans les toux nerveuses, l'asthme et la coqueluche. La chimie en tire l'atropine, poison subtil.

Mandragore : atropa mandragora. Feuilles vastes, fleurs d'un blanc pourpré, fruit jaune, gros comme une pomme, symbole de la rareté. V. Serres chaudes. La mandragore est très-vénéneuse.

Jusquiame : hyosciamus. Tige forte et cotonneuse, feuilles grandes, fleurs d'un jaune noirâtre, symbole des défauts. B. Bords des chemins. Cette plante est très-narcotique, et on en extrait l'hyosciamine, qui est un violent poison ; cependant elle est en usage contre les douleurs, les inflammations et le cancer.

Coqueret-Alkékenge : physalis alkekengi. Tige anguleuse, feuilles vastes, fleurs blanchâtres, calice vésiculeux, fruit rouge imitant une cerise, employé comme diurétique. A. Champs.

Famille apocynée.

Gobe-mouche : apocyn. Arbrisseau à feuilles luisantes et fleurs variées, symbole de l'appât. Jardins.

Pervenche petite : vinca minor. Sous-arbrisseau à tiges rampantes, feuilles ovales, fleurs bleues, symbole du doux souvenir. V. Haies. Cette plante est anti-laiteuse.

Pervenche grande : vinca major. Tiges ligneuses,

feuilles ovales, fleurs bleues ou blanches. V. Bois et jardins.

Asclépiade-Dompte venin: asclepias vincetoxicum. Tiges simples, feuilles ovales, fleurs blanches, capsule longue et pointue. V. Bois.

Asclépiade de Syrie: asclepias syriaca. Tiges très-fortes, feuilles vastes et épaisses, fleurs rougeâtres, en larges ombelles, capsule comme un petit concombre. V. Jardins.

Asclépiade grimpante: asclepias scandens. Tiges volubiles, feuilles arrondies, fleurs charnues et mielleuses. V. Serres chaudes.

Laurier-rose: nerium. Arbrisseau toujours vert, à feuilles lancéolées, fleurs variées pour la couleur, et doublant par la culture. Le laurier-rose en fleurs est dangereux dans une chambre close. Il a dernièrement asphyxié un officier de l'armée d'Afrique.

Famille campanulacée.

Campanule à feuilles rondes: campanula rotundifolia. Tiges grêles, feuilles du bas arrondies, les autres allongées; fleurs bleues, en cloche à 5 divisions. V. Coteaux.

Campanule des cerfs: campanula cervicaria. Tige à longs poils, feuilles lancéolées, fleurs bleues. V. Bois.

Campanule-Raiponce : campanula rapunculus. Tige haute, feuilles velues, fleurs bleues ou blanches, en long épi. B. Haies. La racine et les jeunes pousses de raiponce se mangent en salade.

Campanule fausse raiponce : campanula rapunculoïdes. Tige simple, feuilles rudes, fleurs d'un bleu rougeâtre. V. Lieux secs.

Campanule-Gantelée : campanula trachelium. Tige poilue, feuilles en cœur allongé, fleurs bleues. V. Bois.

Campanule agglomérée : campanula glomerata. Tige droite, feuilles dentées, fleurs bleues, en petits bouquets. V. Prés.

Campanule intermédiaire ou Carillon : campanula medium. Tige rude, feuilles poilues, fleurs bleues ou blanches très-grandes. V. Jardins.

Campanule-Pyramidale : campanula pyramidalis. Tige flexible se prêtant à toutes les formes; feuilles lancéolées, fleurs bleues ou blanches, par centaines, se succédant toute l'année dans les appartements, symbole de la constance. V.

Phyteuma à épi : phyteuma spicata. Tige haute, feuilles à grosses dents, fleurs blanches, à 5 divisions aiguës. V. Bois.

Miroir de Vénus : prismatocarpus speculum. Tige rameuse, feuilles ovales, fleurs d'un violet rougeâtre, à 5 divisions étalées, symbole de la flatterie. A. Champs.

Miroir de Vénus hybrique : prismatocarpus hybridum. Tige rameuse à la base, feuilles allongées, fleurs peu apparentes. A. Sables.

Jasione de montagne : jasione montana. Tige branchue, feuilles petites, fleurs bleues, réunies en têtes. A. Coteaux.

Famille nyctaginée.

Nyctage-Faux jalap ou Belle de nuit : nyctago jalapa. Tige tendre, feuilles lancéolées, fleurs rouges ou blanches, souvent panachées, et jaunes parfois, symbole de la timidité. A. Jardins.

Nyctage-Belle de nuit à longues fleurs : nyctago longiflora. Tige branchue, feuilles pubescentes, fleurs veloutées. A. Jardins.

Famille polémoniacée.

Polémoine bleue ou Valériane grecque : polemonium cœruleum. Tige glabre, feuilles ailées de 15 à 21 folioles, fleurs bleues ou blanches. V. Jardins.

Phlox paniculé : phlox paniculata. Tiges hautes, feuilles lancéolées, fleurs lilas ou blanches, en corymbes peu garnis. V. Jardins.

Phlox odorant : phlox suavolens. Tiges glabres,

feuilles lancéolées, fleurs blanches, en grappes paniculées. V. Jardins.

Cobée : cobea. Tiges grimpantes, feuilles lancéolées ou trifoliées, fleurs en grosses cloches blanches ou violettes, symbole des nœuds. A. Jardins.

Penstémon : penstemon. Tiges ligneuses ou herbacées, feuilles lisses, fleurs d'un beau rouge. V. Jardins.

Famille caprifoliacée.

Chèvrefeuille des jardins : lonicera caprifolium. Arbrisseau à tiges volubiles, feuilles soudées et perfoliées, fleurs rougeâtres, symbole du lien d'amour.

Chèvrefeuille des bois : lonicera periclymenum. Arbrisseau à tiges sarmenteuses, feuilles elliptiques, fleurs d'un jaune rougeâtre. Haies.

Chèvrefeuille velu : lonicera xilosteum. Buisson à feuilles molles, fleurs blanches très-petites, baies rouges, par deux. Haies.

Chèvrefeuille toujours vert ou Chèvrefeuille de virginie : lonicera sempervirens. Arbrisseau à tiges grimpantes, feuilles ovales, fleurs écarlates en dehors et jaunes en dedans. Jardins.

Chèvrefeuille de Tartarie ou Camécerisier : lonicera tartarica. Arbrisseau non grimpant, à rameaux blanchâtres, feuilles cordiformes, fleurs roses. Jardins.

Symphorine ou Arbre aux perles : symphoricarpos. Arbrisseau à tiges droites, feuilles lancéolées, fleurs roses, fruit blanc, gros comme une balle à pistolet. Jardins.

Lierre : hedera helix. Arbrisseau toujours vert, à tiges grimpantes, feuilles luisantes, fleurs blanchâtres, symbole de l'amitié. Vieux murs. Les baies de lierre sont purgatives et vomitives ; les feuilles servent à entretenir les cautères. Cet arbrisseau vit très-long-temps ; on en voit quelques pieds qui soutiennent des murailles depuis plus de mille ans.

Famille rhamnée.

Nerprun purgatif : rhamnus catharticus. Arbrisseau épineux, à feuilles ovales, fleurs verdâtres, en petits paquets, baies noirâtres très-purgatives, et servant à préparer le vert de vessie. Bois.

Nerprun-Bourdaine ou Bourgène : rhamnus frangula. Arbrisseau non épineux, à feuilles ovales, fleurs verdâtres, baies rouges, puis noires. Bois. Le charbon de bourdaine est un des éléments de la poudre à tirer.

Nerprun-Alaterne : rhamnus alaternus. Arbrisseau toujours vert, à feuilles lancéolées et fleurs blanches. Jardins.

Nerprun-Porte-chapeau : rhamnus paliurus. Celui-ci est épineux, ses feuilles sont coriaces, ses fleurs sont jaunes, et son fruit ressemble à un chapeau rabattu. Jardins.

Fusain ou Bonnet de prêtre : evonymus. Arbrisseau à tiges rayées de vert, feuilles lancéolées, fleurs verdâtres, fruit rouge, à 4 angles, symbole du portrait, avec la devise : Vos charmes sont gravés dans mon cœur. Haies. Le charbon de fusain sert de crayon aux dessinateurs. On cultive dans quelques jardins d'agrément une variété de cet arbrisseau, qui a des feuilles larges et persistantes.

Staphylier ou Nez coupé : staphylea. Arbrisseau à feuilles de 5 à 7 folioles allongées, fleurs roses, en grappes, fruit double et vésiculeux. Jardins.

Bruyère du Cap : philica. Arbuste à feuilles fines et persistantes, fleurs blanchâtres s'épanouissant toute l'année dans les appartements.

Jujubier : Zyzyphus. Arbrisseau épineux, à feuilles dentées, fleurs jaunâtres, baies rouges. Serres chaudes.

Sumach-Fustet : rhus cotinus. Arbrisseau à feuilles arrondies et fleurs blanchâtres. Jardins.

Sumach des corroyeurs : rhus coriaria. Arbre à folioles nombreuses, allongées et velues, fleurs en gros épis rouges.

Sumach glabre : rhus glabrum. Arbrisseau étalé,

à feuilles trifoliées, fleurs jaunâtres. Jardins.

Sumach vénéneux : rhus toxicodendron. Arbrisseau à feuilles ovales, de couleur glauque, très-soyeuses ; fleurs blanchâtres. Jardins. Les insectes n'approchent pas impunément ce sumach.

Famille violariée.

Violette odorante : viola odorata. Cette plante sans tige a des rejets rampants, des feuilles cordiformes, et des fleurs éperonnées, à 5 pétales inégaux. V. Haies. Cultivée dans les jardins, sa fleur varie à l'infini. La violette colorée est le symbole de la modestie; la blanche est le symbole de la candeur. Toutes ces fleurs sont pectorales et adoucissantes.

Violette des chiens : viola canina. Tige basse, feuilles petites, fleurs d'un bleu pâle, sans odeur. V. Bois.

Violette tricolore ou Pensée sauvage : viola tricolor arvensis. Tige rameuse, feuilles étroites, fleurs de trois couleurs. A. Champs. Cette espèce est employée comme dépurative dans les maladies cutanées.

Pensée des jardins : viola tricolor. Celle-ci est plus grande dans toutes ses parties. B.

Pensée à grandes fleurs : viola grandiflora. Tiges triangulaires, feuilles oblongues, fleurs magnifiques, ayant pour devise : Vous occupez ma pensée. V. Jardins.

Balsamine jaune ou Ne me touchez pas : impatiens noli tangere. Tige rameuse, feuilles grandes, fleurs jaunes, à 4 pétales et un éperon. A. Lieux humides.

Balsamine des jardins : impatiens balsamina. Tige forte et rameuse, feuilles allongées, fleurs simples ou doubles, variant dans plusieurs couleurs, symbole de l'impatience. A. Jardins.

Famille grossulariée.

Groseiller à maquereau : ribes grossularia. Arbrisseau aiguillonné, à feuilles lobées, fleurs blanchâtres, fruit gros, souvent velu et de couleur variée. Jardins.

Groseiller piquant : ribes uva crispa. Arbrisseau couvert d'aiguillons, à feuilles arrondies et lobées, fleurs rougeâtres, fruit verdâtre. Haies.

Groseiller des Alpes : ribes alpinum. Arbrisseau sans aiguillons, à feuilles trilobées, fleurs verdâtres, fruit rouge, peu agréable au goût. Montagnes.

Groseiller rouge : ribes rubrum. Arbrisseau à feuilles élargies, fleurs et fruit en grappes nombreuses, symbole de la reconnaissance. Jardins. On en cultive des variétés à fleurs et fruit de toutes les couleurs.

Groseiller noir ou Cassis : ribes nigrum. Arbrisseau résineux, à feuilles grandes, fleurs et fruit en grappes. Jardins. Le cassis est aromatique et stomachique.

Famille éléagnée.

Chalef : eleagnus. Arbrisseau à écailles tenant lieu de feuilles, fleurs argentées, fruit comme une olive. Jardins.

Thésium à feuilles de lin : thesium linophyllum. Tige anguleuse, feuilles pointues, fleurs jaunâtres, en panicule. V. Lieux secs.

Famille gentianée.

Gentiane-Croisette : gentiana cruciata. Tiges glabres, feuilles disposées en croix, fleurs bleues, à 4 divisions. V. Coteaux.

Gentiane des marais : gentiana pneumonanthe. Tige glabre, feuilles étroites, fleurs bleues, en cloche à 5 divisions. V. Lieux humides.

Gentiane d'Allemagne : gentiana germanica. Tige simple, feuilles cordiformes, fleurs bleues, à 5 divisions allongées. V. Montagnes.

Gentiane jaune : gentiana lutea. Tige très-élevée, feuilles vastes, fleurs jaunes. V. Montagnes. Cette belle plante est fébrifuge à un haut degré. Elle est rare dans l'intérieur de la France.

Chironie-Petite centaurée : chironia centaurium. Tige délicate, feuilles ovales, fleurs roses, parfois blanches. A. Bois. La petite centaurée est amère, stomachique et fébrifuge.

Chironie très-rameuse : chironia ramosissima. Celle-ci est plus petite, mais semblable à la précédente. A. Marais.

Ményanthe-Trèfle d'eau : menyanthes trifoliata. Feuilles longuement pédonculées et trifoliées; hampe forte, portant des fleurs blanches ou rougeâtres, symbole du calme et du repos. V. Eaux. Le trèfle d'eau est souvent employé comme fondant, stomachique et fébrifuge.

Vaillantii : exacum. Plante dédiée à Vaillant. Tige grêle, feuilles oblongues, fleurs jaunes. A. Lieux humides.

Candollii : exacum candollii. Cette plante, dédiée à Candolle, se compose d'une tige droite, de feuilles fines et de fleurs rougeâtres. A. Marais.

Villarsie : villarsia. Tiges aussi longues que l'eau est profonde, feuilles arrondies, fleurs jaunes, nageant à la surface. V.

Bignone à grandes fleurs : bignonia grandiflora. Arbrisseau à tiges sarmenteuses, feuilles à folioles longues, fleurs roses. Jardins.

Bignone rampant ou Jasmin de Virginie : bignonia radicans. Arbrisseau à tiges grimpantes, folioles nombreuses, fleurs rouges très-longues, symbole de la séparation. Jardins.

Bignone - Catalpa : bignonia catalpa. Arbre à feuilles larges, fleurs roses, en grappes, gousses cylindriques très-longues. Jardins.

Eccrémocarpe : eccremocarpus. Arbrisseau à feuilles ovales, et fleurs rouges un peu charnues. Jardins.

Chlore : chlora. Tige droite, feuilles épaisses et perfoliées, fleurs jaunes, à 8 divisions profondes. A. Coteaux.

Famille atriplicée. (Portion.)

Ansérine des villes : chenopodium urbicum. Tiges rameuses, feuilles rhomboïdes, fleurs verdâtres, en grappes droites et serrées contre les rameaux. A. Vieux murs.

Ansérine rouge : chenopodium rubrum. Tiges rayées de blanc, feuilles épaisses, fleurs rougeâtres. A. Lieux humides. Toute la plante devient rouge en fructifiant.

Ansérine-Vulvaire : chenopodium vulvaria. Tiges

couchées, feuilles poudreuses, fleurs blanchâtres. A. Bords des chemins. Cette plante exhale une très-forte odeur de vulve : de là son nom.

Ansérine hybride : chenopodium hybridum. Tiges simples, fortes et rayées, feuilles larges, fleurs verdâtres. A. Partout. Rien n'est plus commun que les quatre espèces ci-dessus, appelées vulgairement pattes d'oie. Nous les croyons sans utilité pour les hommes, et même pour les animaux, qui semblent les repousser.

Ansérine-Bon-Henri ou Épinard sauvage : chenopodium bonus henricus. Tiges assez fortes, feuilles sagittées, fleurs verdâtres, en épis. V. Bords des chemins. Cette plante est alimentaire.

Ansérine-Ambroisie: chenopodium ambroisioïdes. Tiges droites, feuilles dentées, fleurs vertes, symbole de l'insulte. A. Jardins.

Betterave : beta cicla. Tige anguleuse, feuilles vastes, fleurs verdâtres. B. Culture. Le sucre qu'on retire de cette plante est semblable en tout à celui de canne. C'est Margraff, chimiste prussien, qui a fait cette précieuse découverte en 1747, et Achard, autre chimiste du même pays, qui a établi la première fabrique près de Berlin, en 1800. Sous l'Empire, le savant Chaptal a prouvé que le sucre de betterave valait celui des colonies, et Napoléon a encouragé les fabricants français. La betterave offre trois variétés : la rouge, la jaune et la blanche. Celle qu'on appelle racine de disette sert de nourriture aux bestiaux.

Bette : beta. Cette plante est assez connue sous les noms de carde et de poirée. Ses feuilles sont alimentaires, et on en couvre les plaies. B. Jardins.

Soude : salsola. Tige ligneuse ou herbacée, épineuse dans le premier cas ; feuilles étroites, fleurs verdâtres. V. Jardins. L'alcali qu'on obtient de cette plante est employé à blanchir le linge ; à faire du savon par sa combinaison avec les huiles ; et le verre ou les glaces par sa fusion avec la silice.

Famille paronychiée.

Paronyque : paronychia. Tiges nombreuses, feuilles arrondies, fleurs roses, à 5 pétales filiformes. V. Marais.

Herniaire glabre ou Turquette : herniaria glabra. Tiges étalées, feuilles petites, fleurs verdâtres. V. Lieux secs. La décoction de cette plante est employée contre la gravelle et les catarrhes de la vessie.

Herniaire poilue : herniaria hirsuta. Celle-ci est grisâtre et cotonneuse. V.

Corrigiole : corrigiola. Tige déliée et étalée, feuilles minimes, fleurs blanches. A. Sables.

Famille amentacée. (Portion.)

Orme champêtre : ulmus campestris. Arbre à feuilles dentées, fleurs rougeâtres, paraissant avant les feuilles, et connues sous la dénomination de pain de hanneton. Partout.

Orme à feuilles éparses : ulmus effusa. Cette espèce est moins élevée et ses feuilles sont arrondies, incisées ou panachées.

Broussonnetie : broussonnetia. Arbre à feuilles lyrées et drapées, fleurs verdâtres, en pelotons. Jardins.

Famille ampélidée.

Ampélopside-lierre ou Vigne vierge : ampelopsis hederacea. Arbrisseau grimpant, à tiges sarmenteuses, feuilles de 5 à 6 folioles, fleurs à 5 pétales réfléchis, fruit en grappes. Jardins.

Vigne : vitis. Tiges volubiles, feuilles lobées, fleurs jaunâtres, symbole de l'ivresse. Culture. Les variétés de la vigne sont fort nombreuses ; voici les principales : le maurillon hâtif, le franc noir, le petit noir, le pineau, le teinturier, le liverdon, le meunier, l'enfumé, le gamet, le gouais, et la malvoisie ; l'aubin jaune, la pétracine, l'aubin vert, l'auxerrois blanc, la hemme verte, le gamet blanc et le mélier. On cultive pour la table : le chasselas, le muscat, le gros raisin dit de Hambourg, et le verjus. Nous croyons faire plaisir à nos lecteurs, en leur donnant ici le tableau comparatif des différents vins. Le Madère contient jusqu'à 22 pour cent d'alcool ; le Constance, le Lacryma-Christi et le Xerès 19 ; le Malaga et le Roussillon 18 ; l'Ermitage 17 ; le Lunel, le Bordeaux, le Bourgogne et le Syracuse 15 ; le Sauterne et le Champagne mousseux 14 ; le Languedoc et le Grave 13 ; le Frontignan, la Côte rotie et le Rhin 12 ; le Saintonge 11 ; le Champagne rouge 10 ; le Tokay, le Jurançon, le Beaujolais, le Tonnerre et le Ricey 9 ; le Thiaucourt et le Bar 8 ; le vin de Brie 6 au plus. Le bouquet ou goût de terroir est produit par l'huile essentielle renfermée dans le raisin. L'acide tartrique et le tannin distinguent le vin des autres boissons. Il est donc difficile, pour ne pas dire impossible, de faire du vin sans raisin. Mais on peut le falsifier 1° par le mouillage, qui se fait en y ajoutant de l'eau ; 2° par le vinage, qui consiste à augmenter la dose alcoolique. Quant au mélange des vins entre eux, c'est une opération licite et souvent utile.

Famille ombellifère. (Fleurs en parasol.)

Podagre ou Herbe aux goutteux : ægopodium podagraria. Tige forte, feuilles du bas portées sur des pétioles divisés en trois parties, chacune de 3 folioles ovales : les feuilles du haut disposées par trois; fleurs blanches, en ombelles de 12 à 20 rayons sans involucre ni involucelle. V. Haies. Quelques praticiens emploient encore cette plante contre la goutte, mais sans succès.

Boucage saxifrage ou Petite boucage : pimpinella saxifraga. Tige grêle, feuilles ailées, fleurs blanches. V. Coteaux.

Boucage à grandes feuilles ou Grande boucage : pimpinella magna. Tige glabre, feuilles à 7 folioles ovales, la dernière trilobée; fleurs blanches. V. Bois.

Séseli de montagne : seseli montanum. Tiges rougeâtres, feuilles bipinnées, fleurs blanches. V. Coteaux.

Séseli annuel : seseli annuum. Tige purpurine, feuilles bipinnées, fleurs blanches. A. Coteaux.

Séseli-Carvi : seseli carvi. Tige haute, feuilles à folioles écartées, fleurs blanches. B. Prés. La racine de carvi est potagère, et la graine peut remplacer l'anis.

Angélique sauvage ou Impératoire : angelica sylvestris. Tige haute, feuilles engaînantes, folioles grandes, fleurs blanchâtres. V. Lieux humides.

Angélique des jardins : angelica archangelica. Tige vigoureuse, feuilles deux fois ailées, fleurs verdâtres, symbole de l'inspiration. B. On confit les tiges d'angélique dans le sucre, on fait de la liqueur avec la graine, et toute la plante est employée comme cordiale, emménagogue et anti-vermineuse.

Cerfeuil sauvage : chærophyllum sylvestre. Tige renflée, feuilles à folioles allongées et pinnatifides, fleurs blanches. V. Prés.

Cerfeuil enivrant : chærophyllum temulentum. Tige rougeâtre, feuilles à folioles élargies, fleurs blanches. B. Haies.

Cerfeuil cultivé : chærophyllum sativum. Tiges droites, feuilles tripinnées, fleurs blanches. A. Jardins. Ce cerfeuil est antiscorbutique et dépuratif.

Cerfeuil musqué : myrrhis. Tige rude, feuilles découpées, fleurs blanches, graine comme celle d'anis. V. Jardins.

Æthuse ou Petite ciguë : æthusa cynapium. Tiges grêles, mais souvent aussi hautes que le cerfeuil auquel elles ressemblent; feuilles bi et tripinnées, fleurs blanches, avec un involucelle d'un seul côté et réfléchi. Ce dernier trait distingue cette plante malfaisante, du cerfeuil parmi lequel elle croît abondamment. A.

Peigne de Vénus ou Aiguilles de berger : scandix

pecten. Tige basse, feuilles tripinnées, fleurs blanches, capsules allongées et pointues. A. Champs.

Cicutaire : cicutaria. Tige fistuleuse, feuilles à folioles allongées et dentées, fleurs blanches. V. Eaux. Cette plante a une odeur désagréable et des qualités très-malfaisantes.

Œnanthe-Ciguë d'eau : œnanthe phellandrium. Tige grosse et creuse, feuilles tripinnées, fleurs blanches. V. Marais. La ciguë d'eau est dangereuse. On s'en sert pourtant dans les fièvres intermittentes.

Œnanthe fistuleuse ou Filipendule aquatique : œnanthe fistulosa. Tige en zig-zag, feuilles de 7 à 9 folioles distantes, fleurs blanches. V. Marais.

Berle à larges euilles : sium latifolium. Tige grosse, feuilles de 9 à 13 folioles, fleurs blanchâtres. V. Eaux.

Berle à feuilles étroites : sium angustifolium. Tige haute, feuilles de 15 à 17 folioles, fleurs blanches. V. Eaux.

Berle-Chervi : sium siarum. Tige élevée, feuilles de 5 à 7 folioles, fleurs blanches, tubercules alimentaires. V. Jardins.

Siler trilobé : siler trilobum. Tige haute, feuilles glabres, fleurs jaunâtres. V. Bois.

Laser : laserpitium. Tige haute, feuilles par trois et trifoliées, fleurs blanches. V. Bois et jardins.

Berce-Branc-ursine : heracleum spondylium. Tige anguleuse, feuilles à folioles lobées, fleurs blanches. V. Prés. Cette belle plante donne beaucoup de lait aux vaches.

Selin des Cerfs : selinum cervaria. Tige élevée, feuilles ailées, folioles glabres et luisantes, fleurs blanches. V. Montagnes.

Selin à feuilles de carvi : selinum carvifolia. Tige anguleuse, feuilles tripinnées, fleurs blanches. V. Montagnes.

Selin-Persil de montagne : selinum oreoselinum. Tige nue, feuilles tripinnées, folioles réfléchies, fleurs blanches. V. Lieux secs.

Ammi ou Herbe aux cure-dents : ammi. Tige ferme et gonflée sous les ombelles, feuilles décomposées, fleurs blanches, rayons nombreux, réunis après la fleuraison. A. Champs.

Maceron : smirnium. Tige anguleuse, feuilles trifoliées, fleurs jaunes. B. Champs.

Ciguë grande : cicuta major. Tiges hautes, creuses et tachées de pourpre, folioles pinnatifides, d'un vert noirâtre ; fleurs blanches, entourées d'un involucre et d'un involucelle. V. Bords des chemins. Cette plante est très-vénéneuse ; néanmoins on s'en sert avec avantage contre les scrofules, le cancer et les engorgements. Elle fournit à la chimie la cicutine, qui empoisonne promptement.

Terre-noix : bunium bulbocastanum. Tige glabre, feuilles à folioles incisées ou non, fleurs blanches, racine tuberculeuse, bonne à manger. V. Champs.

Carotte : daucus carota. Tige haute et poilue, feuilles bipinnées et tripinnées, fleurs blanches, entourées d'un involucre et d'un involucelle élégants. B. Prés. On en cultive plusieurs variétés qui sont potagères, analeptiques, et souvent employées contre la jaunisse et les carcinomes ouverts.

Caucalide à grandes fleurs : caucalis grandiflora. Tige glabre, folioles linéaires, fleurs blanches, grandes sur les bords de l'ombelle, graine garnie de pointes. A. Champs.

Caucalide à larges feuilles : caucalis latifolia. Tige anguleuse, folioles écartées, fleurs rougeâtres, graine hérissée. A. Champs.

Caucalide des champs : caucalis arvensis. Tige rameuse, feuilles pinnatifides, fleurs blanches, graine piquante. A. Partout.

Tordyle : tordylium. Tige élevée, anguleuse et hispide, folioles ovales, fleurs blanches. A. Haies.

Peucédane : peucedanum. Tige haute et ferme, feuilles tripinnées, folioles lancéolées, fleurs jaunâtres. V. Prés.

Panais : pastinaca. Tige velue, folioles larges,

fleurs jaunes. B. Champs. On en cultive une variété à tige glabre, et à racine alimentaire.

Athamante : athamanta. Tige haute, feuilles incisées, fleurs blanches. V. Coteaux.

Buplèvre-Percefeuille : buplevrum rotundifolium. Tige glabre, feuilles ovales et perfoliées, fleurs jaunes. A. Champs.

Buplèvre en faux : buplevrum falcatum. Tiges inclinées, feuilles courbées, fleurs jaunes. V. Haies.

Buplèvre à feuilles fines : buplevrum tenuifolium. Tiges minces, feuilles déliées, fleurs jaunes. B. Prés.

Buplèvre en arbre : buplevrum fruticans. Arbuste à tiges et branches tortueuses, feuilles épaisses, fleurs jaunes. Jardins.

Sanicle : sanicula. Tige rougeâtre, feuilles lobées, fleurs blanches, en ombelle foliacée. V. Bois. On emploie la sanicle en topique comme résolutive des douleurs, et comme vulnéraire.

Coriandre : coriandrum. Tige rameuse, feuilles bipinnatifides, fleurs rougeâtres, symbole du mérite caché. Toute la plante est carminative, digestive et tonique. A. Champs. On en cultive une variété à fleurs blanches.

Aneth odorant : anethum graveolens. Tige rameuse, feuilles décomposées, fleurs jaunes. A. Jardins.

Aneth-Fenouil : anethum fœniculum. Tiges élevées, feuilles décomposées, folioles capillaires, fleurs jaunes. B. Jardins. La graine des deux espèces précédentes est cordiale, stomachique et carminative. On en fait l'eau d'anis, et des dragées appelées nonpareilles.

Aneth des moissons : anethum segetum. Tige simple, feuilles à folioles capillaires, fleurs jaunes. A. Champs.

Ache odorante ou Céleri sauvage : apium graveolens. Tige glabre, feuilles de 5 à 7 folioles, fleurs jaunâtres. B. Montagnes.

Céleri : apium. Tige épaisse, feuilles à folioles cunéiformes, fleurs jaunes. B. Jardins. Le céleri est comestible, apéritif et antiscorbutique.

Persil : petroselinum. Tige droite, folioles ovales, fleurs jaunes, symbole du festin. B. Jardins. Cette plante est un bon condiment.

Ecuelle d'eau : hydrocotile. Tiges rampantes, feuilles peltées, formant le godet ; fleurs blanches, en petites têtes axillaires. V. Marais.

Livêche ou Grande ache : ligusticum levisticum. Tige forte, feuilles à folioles amples, fleurs blanches. V. Jardins.

Panicaut ou Chardon roland : eryngium. Tige très-rameuse, feuilles amplexicaules et épineuses, fleurs blanches, en têtes arrondies. V. Bords des chemins. La racine de panicaut est apéritive et diurétique.

Famille caprifoliacée. (Portion.)

Viorne-Mentiane : viburnum lantana. Arbrisseau à feuilles larges et cotonneuses, fleurs blanches, réunies en cimes, corolle à 5 divisions. Haies.

Viorne-Obier : viburnum opulus. Arbrisseau à feuilles lobées, fleurs blanches, celles du bord de la cime plus grandes que les autres. Bois. On cultive une variété de cette espèce, dont les fleurs forment une grosse masse appelée boule de neige, symbole de l'ennui.

Viorne-Laurier-tin : viburnum tinus. Arbrisseau toujours vert, à feuilles glabres, fleurs blanches ou rougeâtres, en corymbes, ayant pour devise : Je meurs, si on me néglige ; et pour symbole les petits soins. Jardins.

Sureau noir: sambucus nigra. Arbrisseau à feuilles de 5 à 7 folioles, fleurs blanches, en larges cimes. Partout. La fleur de sureau es sudorifique et bonne en fomentation résolutive. Les baies sont laxatives ; l'écorce moyenne des branches est fébrifuge. Plusieurs variétés de cet arbrisseau sont cultivées dans les jardins : les unes à feuilles laciniées ; les autres à fruit vert ou rouge, en grappes pendantes.

Sureau-Yèble : sambucus ebulus. Tiges herbacées, feuilles de 7 à 9 folioles, fleurs un peu rougeâtres, disposées en cimes étalées. V. Champs.

Tamaris : tamarix. Arbrisseau à branches sarmenteuses, feuilles presque capillaires, fleurs roses ou blanches, en nombre infini. Jardins.

Famille alsinée.

Alsine des moissons : alsine segetalis. Tige rameuse, feuilles étroites, fleurs blanches, à 5 pétales entiers, calice scarieux et rayé de vert. A. Champs.

Alsine intermédiaire ou Morgeline et Mouron des oiseaux : alsine media. Tiges en touffe, feuilles ovales, fleurs blanches, à pétales bifides. A. Partout. Chacun connaît le mouron des oiseaux, qu'il ne faut pas confondre avec le vrai mouron.

Famille capparidée. (Portion.)

Rossolis : drossera. Tige nue, feuilles très-poilues, fleurs blanchâtres, en épi unilatéral, symbole de la surprise. A. Marais.

Famille linée.

Lin usité : linum usitatissimum. Tige droite,

feuilles linéaires et éparses, fleurs bleues ou rougeâtres, à 5 pétales, symbole du bienfaiteur. A. Culture. La graine de lin est mucilagineuse et émolliente. On l'emploie en fomentation et en cataplasme. Elle fournit une huile siccative pour la peinture et l'imprimerie.

Lin purgatif : linum catharticum. Tige grêle, feuilles ovales, fleurs blanches. A. Coteaux.

Lin de France : linum gallicum. Tige rameuse, feuilles éparses, fleurs jaunes. A. Lieux secs.

Lin à feuilles étroites : linum tenuifolium. Tige simple, feuilles roulées, fleurs couleur de chair. V. Coteaux.

Famille renonculacée. (Portion.)

Queue de souris : myosurus. Hampe creuse, feuilles étalées, fleurs jaunâtres, graines réunies en forme de petite lime. A. Lieux humides.

Parnassie : parnassia. Tige dressée, feuilles cordiformes, fleurs blanches. V. Marais.

Famille plombaginée.

Staticé-Gazon d'Espagne ou d'Olympe : statice armeria. Plante délicate, à feuilles fines et nombreuses, hampe surmontée d'une tête de fleurs roses, entourée de bractées scarieuses. V. Jardins.

Staticé maritime : statice maritima. Feuilles longues, fleurs bleues, en épis, symbole de la sympathie. V. Jardins.

Staticé à grandes feuilles : statice latifolia. Tiges très-élevées, feuilles vastes, fleurs bleues, par milliers. V. Jardins.

Staticé à feuilles de plantain : statice plantaginea. Hampe droite, feuilles recourbées en arrière, fleurs roses, en têtes scarieuses. V. Lieux secs.

CLASSE VI. — HEXANDRIE (SIX ÉTAMINES).

Famille berbéridée.

Epine vinette : berberis. Arbrisseau épineux, à feuilles ovales, fleurs jaunes, en petites grappes pendantes, symbole de l'aigreur. Haies. Le fruit de cet arbrisseau est rafraîchissant ; la racine teint en jaune.

Famille narcissée.

Narcisse faux ou Porillon : narcissus pseudo-narcissus. Feuilles planes, hampe comprimée, spathe membraneuse, fleur jaune, à 6 pétales et un nectaire central, symbole de l'espérance trompeuse. V. Prés. On emploie cette fleur contre la coqueluche, l'épilepsie et la dyssenterie, mais avec prudence; et on en tire une belle couleur jaune. La variété est cultivée dans les jardins sous le nom de claudinette.

Narcisse des poètes ou Rose de Notre-Dame : narcissus poeticus. Hampe tranchante, feuilles ensiformes, fleurs blanches, simples ou doubles, symbole de l'égoïsme. V. Jardins.

Narcisse-Jonquille : narcissus junquilla. Hampes élevées, feuilles presque cylindriques, fleurs jaunes, simples ou doubles, symbole du désir. V. Jardins.

Narcisse tassette : narcissus tazetta. Celui-ci fleurit dans des vases pendant l'hiver.

Galanthine-Perce-neige: galanthus nivalis. Hampe courte, feuilles planes, spathe allongée, fleurs blanches, à 6 divisions dont trois petites, symbole de la consolation.

Perce-neige printanière : leucoium vernum. Hampe droite, feuilles pâles, fleurs blanches, bordées de vert. V. Prés.

Amaryllis ou Lis de St-Jacques : amaryllis. Tige engaînée par des feuilles sur deux rangs, fleurs jaunes, en cloche, symbole de la fierté. V. Jardins.

Crinole : crinum. Tige forte, feuilles lancéolées, fleurs blanches très-grandes, pétales roulés en dessous, symbole de la tendre faiblesse. V. Serres chaudes.

Zéphyranthe : zephyranthes. Touffe de feuilles étroites, hampe surmontée d'une fleur rose à fond verdâtre, symbole des douces caresses. V. Serres chaudes.

Famille asphodélée.

Asphodèle: asphodelus. Tige feuillée, fleurs jaunes ou blanches, à 6 divisions, symbole du regret. V. Jardins. La plante à fleurs jaunes est connue sous le nom de verge de Jacob.

Jacinthe étalée : hyacinthus patulus. Hampe droite, feuilles étendues sur la terre, fleurs bleues, en étoile, symbole de la bienveillance. V. Jardins.

Jacinthe orientale : hyacinthus orientalis. Hampes entourées de feuilles obtuses, fleurs simples ou doubles, variant dans toutes les couleurs, symbole du jeu. V. Jardins. On en voit une variété appelée lilas de terre.

Phalangère ou lys de St-Bruno : phalangium liliago. Tige nue, feuilles étroites, fleurs blanches, symbole de l'antidote de l'amour. V. Coteaux.

Phalangère rameuse : phalangium ramosum. Tige nue, feuilles longues, fleurs blanches, marquées de trois raies à chaque pétale ou division. V. Bois.

Muscari à toupet ou Vaciet : muscari comosum. Tige entourée de feuilles radicales, fleurs d'un bleu roussâtre, en grappe droite, terminée par une houppe très-bleue. V. Champs.

Muscari rameux ou Ail aux chiens : muscari racemosum. Hampe dressée, feuilles cylindriques, fleurs bleues, en grelot, disposées en tête ou épi. V. Vignes.

Ail Faux-poireau : allium ampeloprasum. Tige garnie de 5 à 6 feuilles élargies, fleurs rougeâtres, en tête. V. Champs.

Ail à tête ronde : allium sphærocephalum. Tige élevée, feuilles cylindriques, fleurs en tête rouge. V. Coteaux.

Ail des vignes : allium vineale. Tige droite, feuilles fistuleuses, fleurs en tête chevelue. V. Partout.

Ail doré : allium moly. Hampe forte, feuilles planes, fleurs jaunes assez grandes. V. Prés.

Ail-Ognon : allium cepa. Tige creuse, feuilles cylindriques, fleurs blanchâtres, en grosse tête. B. Culture. L'ognon est alimentaire et diurétique.

Ail véritable : allium sativum. Tige droite, feuilles étroites, fleurs rougeâtres. V. Culture. L'ail est antiseptique.

Ail-Civette ou Ciboulette : allium schænoprasum. Tiges et feuilles en gazon, fleurs rouges, en ombelle. V. Culture.

Ail-Poireau : allium porrum. Tige ferme, feuilles

larges, fleurs rougeâtres. B. Culture. Le poireau est potager et béchique.

Ail-Echalote : allium ascalonicum. Feuilles fistuleuses, fleurs nulles, bulbe allongé, employé dans la cuisine. V. Culture.

Ail-Ciboule : allium fistulosum. Tiges et feuilles cylindriques formant gazon, fleurs nulles. V. Culture.

Ornithogale jaune : ornithogalum luteum. Tige triangulaire, feuilles étroites, fleurs jaunes, à 6 divisions. V. Champs.

Ornithogale en ombelle ou Dame d'onze heures : ornithogalum ombellatum. Hampe arrondie, feuilles allongées, fleurs blanches, à dos vert, symbole de la paresse. V. Bois.

Ornithogale des Pyrénées : ornithogalum pyrenaïcum. Tige nue, feuilles radicales, fleurs jaunes et vertes, en épi terminal. V. Lieux humides.

Ornithogale penché : ornithogalum nutans. Hampe moins longue que les feuilles, fleurs verdâtres, en épi incliné. V. Champs.

Ornithogale pyramidal ou Epi de la Vierge : ornithogalum pyramidale. Tige droite, feuilles molles, fleurs blanches, en épi, symbole de la pureté. V. Jardins.

Scille à deux feuilles : scilla bifolia. Hampe garnie

de 2 ou 3 feuilles planes, fleurs d'un beau bleu. V. Haies.

Scille d'automne : scilla autumnalis. Hampe entourée de 5 à 6 feuilles étroites, fleurs bleues. V. Bois.

Scille penchée : scilla nutans. Hampes grêles, feuilles rabattues, fleurs bleues. V. Bois.

Famille liliacée.

Lis blanc : lilium candidum. Tige simple, feuilles oblongues, fleurs blanches, à 6 grandes divisions. symbole de la majesté. V. Jardins.

Lis bulbifère : lilium bulbiferum. Tige droite, feuilles étroites et nombreuses, fleurs rougeâtres. V. Jardins.

Lis orangé : lilium croceum. Tige basse, feuilles étroites, fleurs jaunes, marquées de noir. V. Jardins.

Lis martagon : lilium martagon. Tige élevée, feuilles verticillées, fleurs tigrées, souvent roulées en dehors, quelquefois blanches et doubles. V. Jardins.

Tulipe sauvage : tulipa sylvestris. Tige glabre, feuilles allongées, fleurs jaunes, à 6 pétales, symbole du début littéraire. V. Vignes.

Tulipe cultivée ou Gesnère : tulipa gesneriana.

Tige forte, feuilles ondulées, fleur droite, variant dans toutes les couleurs, symbole de la déclaration d'amour. V. Jardins.

Tulipe odorante ou Duc de Thol : tulipa suavolens. Tige basse, feuilles lancéolées, fleurs rouges, marquées de jaune. V. Jardins.

Fritillaire-Couronne impériale : fritillaria imperialis. Tige élevée, feuillée à la base et au sommet, fleurs jaunes ou rouges, en cloches pendantes, symbole de la puissance. V. Jardins.

Hémérocalle : hemerocallis. Tige nue, feuilles ensiformes, quelquefois très-larges, fleurs blanches ou jaunes. V. Jardins.

Pancrace : pancracium. Feuilles en gouttière, hampe garnie de fleurs blanches. V. Jardins.

Tubéreuse : polyanthes tuberosa. Tige élevée, feuilles étroites, fleurs nombreuses, blanches ou roses, symbole de la volupté. V. Jardins.

Yucca en arbre : yucca arborea. Arbrisseau à feuilles épineuses, fleurs roses, agglomérées au faîte du tronc. On en voit une variété en herbe, avec des feuilles et des fleurs semblables aux précédentes. V.

Grand aloès : agave americana. Feuilles aussi redoutables que des palissades, hampe de la force et de la hauteur d'un chêne de 15 ans, fleurs verdâtres, symbole de la sûreté. V. Jardins. Les Mexicains font des incisions à cette superbe plante pour en recueillir la sève, qui leur sert de boisson.

Aloès succotrin : aloe succotrina. Hampe fourchue, feuilles épaisses, fleurs rouges, en épi, symbole de l'amertume. V. Jardins.

Aloès varié ou Bec de perroquet : aloe variegata. Feuilles marbrées, disposées sur 3 rangs ; fleurs rouges, symbole du caquet. V. Jardins. On cultive aussi l'aloès pouce écrasé, l'aloès langue de bœuf, et l'aloès langue de chat, dont les noms indiquent la forme des feuilles.

Acanthe : acanthium. Tige droite, feuilles assez grandes, épineuses ou non, agréablement découpées ; fleurs rougeâtres, symbole des beaux-arts. V. Jardins.

Bonapartea. Plante d'Egypte, dédiée à Bonaparte. Tiges et feuilles en touffe, fleurs jaunes ou blanches. V. Jardins.

Famille asparaginée.

Asperge : asparagus. Tige très-rameuse, feuilles capillaires, fleurs jaunâtres. V. Culture. L'asperge contient de la fécule, de l'albumine, et de l'asparagine qui se communique immédiatement aux urines. De tous les légumes verts, l'asperge est le plus alimentaire, et sa racine est notre meilleur diurétique.

Muguet : convallaria. Hampe entourée de deux feuilles lancéolées, fleurs blanches, en grelot, symbole du retour du bonheur. V. Bois. Les fleurs de muguet sont sternutatoires.

Sceau de Salomon : convallaria polygonatum. Tige anguleuse, feuilles ovales, fleurs blanches, baies bleues. V. Bois. Cette plante est astringente ; sa racine est vomitive.

Salsepareille : smilax. Arbrisseau à tiges sarmenteuses, feuilles piquantes, fleurs blanchâtres. Serres chaudes. La racine de salsepareille est un puissant sudorifique.

Famille aroïdée. (Portion.)

Acorus odorant : acorus calamus. Tige épaisse et entourée de feuilles droites à la manière de l'iris ; fleurs verdâtres, en chaton surmonté d'une lame. V. Eaux. La racine de cette plante est souvent employée en médecine.

Famille joncée.

Jonc aggloméré : juncus conglomeratus. Tige et

feuilles fort longues, fleurs roussâtres, à 6 divisions scarieuses. V. Marais.

Jonc glauque ou Jonc des jardiniers : juncus glaucus. Tige assez longue, un peu noire à la base : feuilles cylindriques, fleurs en panicule brune, symbole de la docilité. V. Lieux humides.

Jonc Buffon : juncus buffonius. Tiges diffuses, fleurs en panicule verdâtre. A. Bois.

Jonc pygmée : juncus pygmeus. Tiges grêles, feuilles fines, fleurs assez grosses. A. Lieux humides.

Sparte : sparth. Tiges nombreuses, feuilles nulles, fleurs écailleuses. V. Montagnes. On fait avec le sparte des nattes et des cordes d'une grande durée.

Luzule : luzula. Tiges en touffe, feuilles poilues, fleurs brunes, en corymbe. V. Bois.

Luzule multiflore : luzula multiflora. Tiges hautes, feuilles étroites, fleurs rousses, en épis nombreux. V. Bois.

Luzule champêtre : luzula campestris. Tiges délicates, feuilles radicales, fleurs brunes, en épis ronds. V. Lieux secs.

Famille lythrée. (Portion.)

Péplide : peplis. Tiges étalées sur la terre, feuilles spatulées, fleurs rougeâtres, placées aux aisselles de toutes les feuilles. A. Marais.

Famille polygonée. (Portion.)

Patience ou Parelle : rumex patientia. Tige haute, feuilles grandes, fleurs verdâtres, à 6 divisions, symbole de la patience. V. Jardins. La racine de parelle en décoction est amère, dépurative, stomachique et tonique.

Patience crépue : rumex crispus. Tige branchue, feuilles crispées, fleurs presque verticillées. V. Cette espèce, qui est commune dans les prés, possède les vertus de la précédente, et peut la remplacer dans l'usage.

Patience aquatique : rumex aquaticus. Tige élevée, feuilles très-longues et très-larges, fleurs en panicules. V. Bords de l'eau.

Sang de dragon : rumex sanguineus. Tige noirâtre, feuilles lancéolées, pétioles rouges, fleurs en verticilles. V. Champs.

Oseille : rumex acetosa. Tige rayée, feuilles sagittées, fleurs rougeâtres, en panicule. V. Prés et jardins. On en cultive des variétés à feuilles larges. L'oseille est d'un usage général. Elle est de plus employée en tisane dans les maladies de la peau, et en extrait, contre les engorgements des viscères et le scorbut.

Oseille petite : rumex acetosella. Tiges menues, feuilles sagittées, fleurs paniculées. V. Sables.

Oseille à écusson : rumex scutatus. Tiges courbées, feuilles arrondies et auriculées, fleurs rougeâtres, en épis. V. Coteaux.

Rhapontic ou Rhubarbe des moines : rhaponticum. Feuilles radicales en cœur, celles de la tige rétrécies ; fleurs jaunâtres, en grappes. V. Prés. Cette plante est employée comme la vraie rhubarbe qu'on fait venir de la Chine.

Rhubarbe : rheum. Tiges très-grandes, feuilles vastes et palmées, fleurs verdâtres, en gros épis. V. Jardins. La racine de rhubarbe est très-utile en médecine ; mais elle est chère, parce qu'elle vient de loin.

Famille alismacée.

Alisma ou Plantain d'eau : alisma plantago. Hampe élevée et très-rameuse, feuilles larges, fleurs roses, par centaines, corolle à 3 pétales. V. Bords de l'eau.

Alisma-Etoile d'eau : alisma damasonium. Tige petite, feuilles cordiformes, fleurs blanches, capsule étoilée. A. Eaux.

Troscart des marais : triglochin palustre. Tige grêle et nue, feuilles épaisses, fleurs verdâtres, en épi. B. Lieux humides.

Famille colchicacée.

Colchique-Tue chien ou veillotte : colchicum autumnale. Plante bulbeuse qui pousse en septembre une ou deux fleurs rougeâtres, à 6 grandes divisions, symbole de l'automne, avec la devise : Mes beaux jours sont passés. Les feuilles ne paraissent qu'au printemps suivant. Elles sont larges, étalées, servant d'enveloppe à la graine, qui mûrit pendant l'été. V. Prés. L'ognon de cette plante est très-énergique. On l'emploie comme diurétique et incisif. Une funeste méprise a eu lieu cette année à Paris : M. X, médecin, avait prescrit 30 gouttes de teinture de colchique à un de ses malades ; le pharmacien en délivre 30 grammes, et le malheureux patient est empoisonné.

CLASSE VII. — HEPTANDRIE (SEPT ÉTAMINES).

Famille hippocastanée.

Marronier d'Inde : æsculus hippocastanum. Arbre à feuilles digitées, fleurs blanches, panachées de rouge et de jaune, disposées en thyrse, corolle à 5 pétales, symbole du luxe. Partout. L'écorce de ce bel arbre est employée dans les fièvres intermittentes.

Pavia : pavia. Arbre peu différent du marronier d'Inde, mais avec des fleurs rouges ou jaunes. Jardins.

Pavia à épi : pavia spicata. Gros buisson à feuilles palmées, et fleurs blanches, en épis dressés verticalement. Jardins.

CLASSE VIII. — OCTANDRIE (HUIT ÉTAMINES).

Famille onagrée.

Onagre ou Herbe aux ânes : œnothera. Tige forte, feuilles lancéolées, fleurs jaunes, à 4 grands pétales, symbole de l'inconstance. B. Champs.

Onagre à grandes fleurs : œnothera grandiflora. Tige haute, feuilles oblongues, fleurs jaunes. B. Jardins.

Epilobe à épi ou Laurier de Saint-Antoine : epilobium spicatum. Tige rameuse, feuilles longues, fleurs roses, symbole de la production. V. Bois.

Epilobe à feuilles de romarin : epilobium rosmarinum. Tige élevée, feuilles étroites, fleurs purpurines, capsule très-longue. V. Bois.

Epilobe hérissé: epilobium hirsutum. Tige velue, feuilles décurrentes, fleurs roses. V. Bords de l'eau.

Epilobe mollet: epilobium molle. Tige simple, feuilles lancéolées et blanchâtres, fleurs rose-pâle. V. Lieux humides.

Epilobe des marais: epilobium palustre. Tige débile, feuilles roulées, fleurs roses. V. Lieux humides.

Fuchsie: fuchsia. Arbrisseau élégant, à feuilles ovales, fleurs rouges, charnues, pendantes, symbole de la fragilité. Jardins. On en cultive beaucoup de variétés.

Famille vacciniée.

Airelle ou Myrtille: vaccinium myrtillus. Arbuste délicat, à rameaux anguleux, feuilles ovales, fleurs rougeâtres, en grelot, symbole de la trahison. Bois. Les baies noires de myrtille sont rafraîchissantes.

Canneberge ou Coussinet: oxycoccus palustris. Tiges couchées, feuilles roulées, fleurs d'un blanc rose, baies rouges, bonnes à manger. V. Marais.

Famille éricinée.

Bruyère commune: erica vulgaris. Arbuste toujours vert, à tiges tortues, feuilles sur 4 rangs, fleurs purpurines, en longue grappe composée de petits paquets, symbole de la solitude. Bois.

Bruyère à balais : erica scoparia. Arbrisseau à tiges dressées, feuilles étroites, fleurs verdâtres. Bois.

Bruyère multiflore : erica vagans. Sous-arbrisseau à tiges tortues, feuilles verticillées, fleurs roses, nombreuses. V. Bois.

Bruyère cendrée : erica cinerea. Sous-arbrisseau à tiges rameuses, feuilles étroites, de couleur blanchâtre, fleurs variées. V. Bois.

Famille daphnée.

Daphné-Bois-gentil : daphne mezereum. Arbrisseau à écorce couturée, feuilles oblongues, calice et corolle confondus, fleurs rouges, baies noires ou jaunes, symbole du désir de plaire. Bois. L'écorce de bois-gentil est vésicante ; le fruit est vénéneux.

Daphné des Alpes : daphne alpina. Arbrisseau à feuilles pubescentes, fleurs blanches, baies rouges. Cette espèce fournit la daphnine, qui est un poison. Jardins.

Daphné-Lauréole : daphne laureola. Arbrisseau à branches flexibles, feuilles épaisses et persistantes, fleurs verdâtres, baies noires très-dangereuses. Jardins.

Daphné-Camelée ou Thymélée : daphne cneorum. Buisson à feuilles caduques et fleurs roses. Jardins.

Daphné de Pont : daphne pontica. Arbrisseau à feuilles persistantes, fleurs blanches, en cime, s'épanouissant en toute saison dans les serres.

Stelléra-Passerine ou Herbe à l'hirondelle : stellera passerina. Tige herbacée, feuilles éparses, fleurs blanchâtres. A. Champs.

Famille polygonée.

Renouée-Bistorte : polygonum bistorta. Tige forte, feuilles du bas ondulées, les autres cordiformes ; fleurs rougeâtres, en épis. V. Montagnes. La racine de bistorte est souvent employée comme astringente.

Renouée-Persicaire : polygonum persicaria. Tige rameuse, feuilles lancéolées, souvent tachées ; fleurs roses ou blanches, en épis oblongs. A. Lieux humides. Cette plante est un bon vulnéraire.

Renouée-Poivre d'eau ou Curage : polygonum hydropiper. Tige couchée, gonflée et tachée aux nœuds ; feuilles pointues, fleurs roses, en épis grêles et penchés. A. Eaux. On applique le poivre d'eau pilé sur les vieux ulcères, pour les déterger et les sécher.

Renouée amphibie : poligonum amphibium. Tige glabre, si elle croît dans l'eau ; rude, si elle vient sur le bord ; feuilles ovales, fleurs rouges, en épis courts. V.

Renouée-Centinode ou Traînasse : polygonum aviculare. Tige fluette, feuilles nombreuses, bractées blanches, fleurs variées de blanc, de rose et de vert. V. Partout. La plante est astringente, sa graine est réputée émétique.

Renouée liseron ou Vrillée bâtarde : polygonum convolvulus. Tige grimpante, feuilles cordiformes devenant rouges en vieillissant, fleurs par 2 ou 3, de couleur blanche. A. Champs.

Renouée des buissons ou Grande vrillée : polygonum dumetorum. Tige longue et grimpante, feuilles hastées, fleurs blanches, en panicule. A. Haies.

Renouée-Sarrasin ou Blé noir : polygonum fagopyrum. Tige rougeâtre, feuilles en cœur-sagitté, fleurs blanches et rouges. A. Culture. On en voit une variété à fleurs verdâtres et graine plus grosse, appelée sarrasin de Tartarie.

Renouée d'Orient ou Persicaire des Indes et Bâton de St-Jean : polygonum orientale. Tige haute et branchue, feuilles ovales, fleurs nombreuses, en beaux épis rouges ou blancs. A. Jardins.

Famille tropéolée.

Capucine : tropœolum. Tiges tendres, feuilles ombiliquées, fleurs jaunes, à 5 pétales inégaux. A. Jardins. On en trouve une jolie variété à fleurs doubles et phosphoriques. V.

Famille saxifragée. (Portion.)

Moschatelline : adoxa moschatellina. Tige grêle, feuilles trifoliées, fleurs en têtes vertes, symbole de la faiblesse. V. Haies.

Famille asparaginée. (Portion.)

Parisette ou Herbe à Paris : paris quadrifolia. Tige simple, feuilles en croix, fleur unique, à 8 divisions vertes dont 4 intérieures, baie noire. V. Bois. La parisette est une plante narcotique employée avec sagesse dans la coqueluche. Son fruit, appelé raisin de renard, est suspect.

Pied d'Eléphant : testudinaria elephantipes. Bloc ligneux émettant des tiges volubiles, des feuilles délicates et des fleurs blanches. Jardins.

CLASSE IX. — ENNÉANDRIE (NEUF ÉTAMINES).

Famille alismacée. (Portion.)

Butome ombellé ou Jonc-fleuri : butomus umbellatus. Hampe grosse et longue, feuilles pointues, fleurs roses, en ombelle, corolle à 3 pétales. V. Bords de l'eau.

Famille laurinée.

Laurier franc : laurus nobilis. Arbre toujours vert, à feuilles aromatiques, fleurs jaunâtres, en petits bouquets, symbole de la gloire. Jardins. Les baies de laurier donnent une huile essentielle souvent employée comme stomachique et carminative. Cet arbre est doué d'une qualité répulsive qui le garantit du tonnerre.

Arbre du Paradis : musa paradisiaca. Les feuilles de ce bel arbre ont quelquefois jusqu'à 50 pieds de longueur. Les fleurs nous sont inconnues. Serres chaudes.

Aucube : aucuba. Arbrisseau toujours vert, à feuilles marbrées et fleurs jaunâtres. Jardins.

Pompadour : calycanthus. Arbrisseau à feuilles odorantes, fleurs rougeâtres assez grandes et très-coriaces. Jardins.

Gengko bilobé : gengko biloba. Arbre à feuilles épaisses et divisées en deux, fleurs blanchâtres. Jardins.

CLASSE X. — DÉCANDRIE (DIX ÉTAMINES).

Famille éricinée. (Portion.)

Monotropa-Sucepin : monotropa hypopitys. Plante parasite, à tige garnie d'écailles au lieu de feuilles ; fleurs jaunâtres, à beaucoup de pétales. V. Bois.

Andromède : andromeda. Plante ligneuse, à feuilles lancéolées, fleurs rougeâtres, en grelot. V. Marais.

Pyrole : pyrola. Tige écailleuse, feuilles arrondies, fleurs blanches, en thyrse. V. Bois.

Busserole : arbutus. Arbrisseau à feuilles ovales, fleurs blanches, baies rouges. Jardins.

Famille rhodoracée.

Rhododendron ferrugineux ou Rosage : rhododendrum ferrugineum. Arbrisseau toujours vert, à branches tortueuses, feuilles oblongues et épaisses, fleurs rouges, roses ou blanches, corolle en entonnoir, à 5 divisions marquées de vert. Jardins.

Rhododendron poilu : rhododendrum hirsutum. Celui-ci est très-rameux, ses feuilles sont velues, et ses fleurs sont roses. Jardins.

Azalée : azalea. Arbrisseau élégant, à feuilles ovales, fleurs roses ou blanches, en cloche. Jardins.

Famille saxifragée.

Saxifrage-Perce-pierre : saxifraga granulata. Tige velue, feuilles réniformes, fleurs blanches, à 5 pétales. V. Lieux secs.

Saxifrage des neiges : saxifraga nivalis. Tige velue, feuilles cunéiformes, fleurs blanches, en corymbe. V. Montagnes.

Saxifrage tridactyle : saxifraga tridactylites. Tige rameuse, feuilles du bas étalées, les autres découpées ; fleurs blanches très petites. A. Vieux murs.

Saxifrage-Sédon : saxifraga cotyledon. Tige ramifiée, feuilles oblongues et charnues, fleurs blanches, en pyramide. V. Jardins.

Saxifrage de Sibérie : saxifraga crassifolia. Tiges nues, feuilles larges et épaisses, fleurs rouges, en belles panicules. V. Jardins.

Saxifrage velue : saxifraga hirsuta. Tige grêle, feuilles disposées en rosette, fleurs blanches, agréablement ponctuées de rouge. V. Jardins.

Saxifrage hypnoïde: saxifraga hypnoïdes. Tiges entrelacées, feuilles trifoliées, fleurs doubles et variées. V. Jardins.

Chrysosplénium à feuilles opposées ou Saxifrage dorée: chrysosplenium oppositifolium. Tige grêle, feuilles arrondies, fleurs jaunes. V. Lieux humides.

Chrysosplénium à feuilles alternes ou Cresson de roche: chrysosplenium alternifolium. Tige tendre, feuilles réniformes, fleurs jaunâtres. V. Lieux humides.

Hortensia-Rose du Japon : hortensia japonica. Arbuste à larges feuilles, fleurs réunies en boule d'un rouge purpurin ou de tout autre couleur, symbole de l'insouciance. Jardins. Cette belle plante fleurit sans cesse dans les appartements.

Famille rutacée.

Rue : ruta. Tiges élevées, feuilles divisées, fleurs jaunes, symbole des mœurs. V. Jardins. La rue est emménagogue, vermifuge et antispasmodique.

Rue sauvage : ruta sylvestris. Tiges droites, feuilles bipinnées, folioles écartées, fleurs jaunâtres. V. Lieux secs.

Fraxinelle : dictamus. Arbrisseau à feuilles ailées, fleurs purpurines et marquées de blanc, symbole du feu. Jardins. Cette plante est toujours environnée de gaz inflammable. Les anciens peuples l'employaient comme vulnéraire.

Diosma : diosma. Sous-arbrisseau toujours vert, à feuilles fines, et fleurs variées. V. Jardins.

Famille caryophyllée.

Caryophylle-Giroflier: caryophyllus. Arbrisseau à feuilles ovales, fleurs blanchâtres, à 5 pétales, symbole de la dignité. Jardins.

Gypsophile des murs : gypsophila muralis. Tige et feuilles fines, fleurs purpurines. A. Lieux secs.

Gypsophile saxifrage : gypsophila saxifraga. Tige rameuse, feuilles petites, fleurs rougeâtres, en panicule. V. Montagnes.

Saponaire officinale: saponaria officinalis. Tige glabre, feuilles ovales, fleurs roses, en panicules serrées. V. Bords des chemins. Cette belle plante est diurétique, fondante, incisive et dépurative. Elle nettoie la peau et les vêtements comme le savon.

Saponaire des vaches: saponaria vaccaria. Tige glabre, feuilles embrassantes, fleurs plus rouges et moins grandes que les précédentes. A. Champs.

Œillet des chartreux : dianthus carthusianorum. Tige grêle et nue, feuilles étroites et engaînantes, fleurs pourpres ou blanches. V. Lieux secs.

Œillet prolifère : dianthus prolifer. Tige nue, feuilles étroites, fleurs rougeâtres, en têtes, bractées plus longues que la corolle. V. Lieux secs.

Œillet velu : dianthus armeria. Tige rameuse, feuilles lancéolées, fleurs rougeâtres, par 3 ou 5. V. Bois.

Œillet des fleuristes : dianthus caryophyllus. Tige forte, feuilles allongées, fleurs odorantes, à pétales denticulés. V. Jardins. Cette belle espèce fournit des variétés à fleurs doubles et de toutes les nuances, depuis le blanc jusqu'au pourpre noir ; c'est le symbole de l'amour sincère.

Œillet des poètes : dianthus barbatus. Tiges en touffe, feuilles nombreuses, fleurs réunies en faisceau de diverses couleurs. On appelle cet œillet bouquet tout fait. Il est très varié, et il a pour double symbole le dédain et la finesse. Son congénère l'œillet d'Espagne, offre des fleurs doubles entièrement rouges, qui sont le symbole de l'amour vif. V. Jardins.

Œillet mignardise : dianthus plumarius. Plante gazonneuse, à feuilles étroites, fleurs barbues, laciniées et nuancées, symbole de l'enfantillage. V. Jardins.

Œillet musqué : dianthus moschatus. Cet œillet,

qui se distingue assez par son odeur, est le symbole du souvenir léger. V. Jardins.

Œillet jaune : dianthus luteus. La couleur de celui-ci suffit pour le reconnaître ; c'est le symbole de l'exigence. L'œillet blanc est le symbole du talent.

Œillet de Chine : dianthus chinensis. Petit buisson à feuilles étroites, fleurs panachées de noir sur un fond rouge, doublant et variant à volonté. B. Jardins.

Sabline à feuilles menues : arenaria tenuifolia. Tige rameuse, feuilles courbées, fleurs blanches, à cinq pétales entiers. A. Lieux secs.

Sabline rouge : arenaria rubra. Tige rameuse, feuilles charnues, fleurs pourpres. A. Sables.

Sabline visqueuse : arenaria vicidula. Tiges et feuilles couvertes de poils gluants, fleurs blanches. A. Sables.

Stellaire des bois : stellaria nemorum. Tige faible, feuilles ovales, fleurs blanches, à cinq pétales bifides et quelquefois laciniés. V. Coteaux.

Stellaire holostée : stellaria holostea. Tige longue, feuilles étroites, fleurs blanches. V. Haies.

Stellaire graminée : stellaria graminea. Tiges petites, feuilles linéaires, fleurs blanches, moins longues que le calice. V. Lieux humides.

Stellaire aquatique : stellaria aquatica. Tige grêle,

feuilles ovales, fleurs couvertes par le calice. V. Marais.

Silèné enflé ou Béhen blanc: silene inflata. Tiges glabres, feuilles épaisses, fleurs blanches, entourées d'un calice vésiculeux. V. Bords des chemins.

Silèné penché : silene nutans. Tiges nues, feuilles pubescentes, fleurs rouges ou blanches. V. Bois.

Silèné-Attrape mouche : silene armeria. Tige rameuse, feuilles gluantes, fleurs rouges, en faisceau. A. Jardins.

Silèné-Fleur de nuit : silene noctiflora. Tige visqueuse, feuilles ovales, fleurs rougeâtres, symbole de la nuit. V. Jardins.

Cucubale: cucubalus. Tige presque volubile, feuilles ovales, fleurs blanches, fruits noirs. V. Haies.

Spargoute : spergula. Tige branchue, feuilles en alène et verticillées, fleurs blanches. A. Champs. On sème cette plante après la moisson pour en nourrir les bestiaux.

Spargoute noueuse : spergula nodosa. Tige étalée, feuilles opposées, fleurs blanches. A. Sables.

Céraiste cotonneux ou Argentine : cerastium tomentosum. Touffe d'une blancheur singulière, feuilles étroites, fleurs blanches, à cinq pétales bifides, symbole de la naïveté. V. Jardins.

Céraiste vulgaire : cerastium vulgatum. Tige étalée, velue et un peu rousse, feuilles ovales, fleurs blanches, couvertes par le calice. V. Prés.

Céraiste des champs : cerastium arvense. Tiges nombreuses, feuilles ovales, fleurs assez grandes, d'un beau blanc. V. Bords des chemins.

Céraiste visqueux : cerastium viscosum. Tiges et feuilles gluantes, fleurs blanches. A. Lieux secs.

Céraiste aquatique : cerastium aquaticum. Tige longue, feuilles larges, fleurs blanches. V. Marais.

Elatiné : elatine. Tige délicate et diffuse, feuilles glabres, fleurs blanches peu visibles. A. Bords de l'eau.

Agrostème ou Nielle des blés: agrostemma githago. Tige droite, feuilles blanchâtres, fleurs purpurines ou d'un rouge lie de vin. A. Champs. La graine de cette grande plante rend le pain bleu.

Lychnide dioïque ou Compagnon blanc : lychnis dioïca. Tige velue, feuilles allongées, fleurs blanches, entourées d'un calice renflé. V. Bords des chemins.

Lychnide visqueuse : lychnis viscaria. Tige rougeâtre, feuilles longues, fleurs rouges. V. Montagnes. Cette espèce fournit une jolie variété, qu'on cultive sous le nom de bourbonnaise.

Lychnide-Fleur du coucou : lychnis flos-cuculi. Tige rougeâtre, feuilles allongées, fleurs rouges, à pétales denticulés. V. Lieux humides. La variété cultivée dans les jardins est appelée madelonnette.

Lychnide de Chalcédoine ou Croix de Jérusalem : lychnis chalcedonica. Tige droite, feuilles lancéolées, fleurs écarlates ou blanches, souvent doubles, disposées en beaux corymbes. V. Jardins.

Lychnide-Coquelourde : lychnis coronaria. Tige et feuilles cotonneuses, fleurs solitaires, d'un rouge vif ou de couleurs variées, ayant pour devise : Sans prétention. B. Jardins.

Polycarpe : polycarpon. Tige menue, feuilles oblongues, fleurs blanchâtres. A. Bords des chemins.

Famille oxalidée.

Surelle ou Alléluia : oxalis acetosella. Tige nulle, feuilles à trois folioles en cœur renversé, fleurs blanches ou pourprées, symbole de la joie. V. Lieux humides. On fait le sel d'oseille avec cette plante.

Surelle corniculée : oxalis corniculata. Tige couchée, feuilles à trois folioles échancrées, fleurs jaunes. V. Champs.

Famille atriplicée. (Portion.)

Phytolaca ou Raisin d'Amérique : phytolaca decandra. Tiges gigantesques, feuilles ovales, fleurs verdâtres, fruit noir, en grappes. V. Jardins.

Famille sempervivée. (Portion.)

Sédum-Orpin ou Reprise : sedum telephium. Tige vigoureuse, feuilles arrondies, fleurs blanches ou rouges, en larges corymbes. V. Vignes.

Sédum blanc ou Trique-madame : sedum album. Tige rameuse, feuilles cylindriques, fleurs blanches, en cimes. V. Vieux murs.

Sédum âcre ou Vermiculaire : sedum acre. Tiges petites, feuilles nombreuses et roulées, fleurs d'un jaune vif. V. Vieux murs. On emploie cette plante contre l'épilepsie.

Sédum réfléchi : sedum reflexum. Feuilles rabattues sur la tige, fleurs jaunes. V. Lieux secs.

Crassule : crassula. Tige rougeâtre, feuilles charnues, fleurs blanches très nombreuses. A. Vieux murs.

CLASSE XI. — DODÉCANDRIE (DOUZE ÉTAMINES JUSQU'A 19 INCLUSIVEMENT).

Famille aristolochiée. (Portion.)

Cabaret : asarum. Tige basse, terminée par deux

feuilles réniformes ; fleurs noirâtres, à 5 dents. V. Bois. Cette plante est émétique.

Famille lythrée.

Salicaire commune : lythrum salicaria. Tige élevée, feuilles lancéolées, fleurs rouges, en longs épis, corolle à 6 pétales, symbole de la prétention. V. Bords de l'eau. La salicaire, en décoction, est bonne dans les diarrhées chroniques.

Salicaire à feuilles d'hysope : lythrum hyssopifolium. Tige fine, feuilles linéaires, fleurs rouges, placées aux aisselles. A. Champs.

Famille myrtoïde.

Myrte : myrtus. Arbrisseau toujours vert, à feuilles ovales, fleurs blanches, simples ou doubles, symbole de l'amour. Jardins.

Grenadier : punica. Arbrisseau toujours vert, à feuilles étroites, fleurs rouges, simples ou doubles, symbole de la fatuité. Jardins.

Famille portulacée.

Pourpier : portulaca. Tige couchée, feuilles épaisses, fleurs jaunâtres. A. Sables et jardins. Le pourpier est alimentaire et adoucissant.

Famille rosacée. (Portion.)

Aigremoine : agrimonia. Tige blanchâtre, feuilles de 7 à 9 folioles, fleurs jaunes, en longs épis ; fruit hérissé s'accrochant aux vêtements. V. Haies. On emploie cette plante en gargarisme dans les maux de gorge invétérés.

Famille capparidée.

Câprier : capparis. Arbrisseau épineux, à tiges sarmenteuses, feuilles arrondies, fleurs blanches. Serres chaudes. On fait macérer les bourgeons de câprier pour l'usage de la cuisine.

Réséda jaunâtre ou Gaude : reseda luteola. Tige élevée, feuilles allongées, fleurs verdâtres, en épis très-longs. B. Bords des chemins. La gaude fournit une bonne couleur jaune pour la teinture.

Réséda jaune ou Réséda sauvage : reseda lutea. Tige simple, feuilles découpées ou décomposées, fleurs d'un jaune pâle, en épis. V. Lieux secs.

Réséda annuel: reseda phyteuma. Tige anguleuse, feuilles simples ou bilobées, fleurs blanches très-fétides. A. Champs.

Réséda odorant : reseda odorata. Tige rameuse, feuilles ondulées, fleurs blanchâtres, symbole du mérite modeste. A. Jardins.

Azédarach : melia. Arbrisseau à feuilles très-découpées, fleurs lilas, en grappes. Jardins.

Famille euphorbiacée. (Ces plantes sont aussi appelées tithymales.)

Euphorbe-Réveille-matin : euphorbia helioscopia. Tige divisée en 5 rayons subdivisés en 3, puis en 2; feuilles cunéiformes, fleurs jaunes. A. Champs. Le suc laiteux de cette plante est caustique et dangereux.

Euphorbe-Esule : euphorbia esula. Tige rameuse, feuilles ovales, fleurs jaunes. V. Lieux secs.

Euphorbe exigu : euphorbia exigua. Tige délicate, feuilles pointues, fleurs jaunes. A. Champs.

Euphorbe des bois : euphorbia sylvatica. Tige haute, feuilles ovales, fleurs jaunes, en ombelles tombantes. V. Montagnes. Le suc de celui-ci purge très-bien.

Euphorbe-Epurge: euphorbia lathyris. Tige grosse et élevée, feuilles larges et nombreuses, fleurs jaunâtres, en ombelle. B. Jardins. On emploie cette superbe plante comme purgative.

Euphorbe des marais : euphorbia palustris. Tiges en buisson, feuilles lancéolées, fleurs aurores. V. Lieux humides.

Euphorbe cyprès : euphorbia cyparissias. Tiges fines, feuilles étroites, fleurs jaunâtres. V. Bords des chemins. Le suc de cette espèce est vomitif.

Euphorbe purpurin : euphorbia purpurata. Celui-ci est facile à distinguer ; c'est le seul de la famille qui ait des fleurs rouges. V. Bois.

Mancenillier : hippomane mancinella. Arbre à feuilles arrondies, fleurs variées, fruit comme une pomme, agréable à la vue, mais très-dangereux, symbole de la fausseté. Les sauvages empoisonnent leurs armes avec le suc de cet arbre. Jardins.

Famille sempervivée.

Joubarbe : sempervivum. Tige branchue, feuilles épaisses, formant des rosettes imbriquées ; fleurs purpurines, à 12 pétales poin us, symbole de la vivacité. V. Vieux murs.

Rochée : rochea. Tige haute, feuilles larges et épaisses, fleurs d'un rouge éclatant, disposées en corymbe. V. Jardins.

CLASSE XII. — ICOSANDRIE (VINGT ÉTAMINES INSÉRÉES SUR LE CALICE).

Famille rosacée.

Rosier des champs : rosa arvensis. Arbrisseau aiguillonné, à feuilles de 5 à 7 folioles, fleurs à 5 pétales égaux. Partout.

Rosier-Eglantier : rosa eglanteria. Tiges aiguillonnées, folioles ovales, fleurs rougeâtres ou jaunes, symbole de la poésie. Haies.

Rosier des chiens : rosa canina. Tiges comme les précédentes, folioles pinnatifides, fleurs rougeâtres. Haies.

Rosier à odeur de pomme de rainette : rosa rubiginosa. Buisson à odeur agréable, fleurs d'un rose pâle, symbole de la simplicité. Haies.

Rosier à feuilles de pimprenelle : rosa pimpinellifolia. Tiges basses, aiguillons droits, folioles elliptiques ; fleurs blanches, un peu jaunes à la base, doublant et variant quand on les cultive. Montagnes.

Rosier de France ou Rosier de Provins : rosa gallica. Tiges aiguillonnées, folioles grandes, fleurs d'un rouge noirâtre. Toutes les espèces ci-dessus croissent dans les champs. Leurs pétales sont laxatifs, leurs excroissances sont astringentes, et leurs calices bien mûrs, font une excellente conserve appelée cynorrhodon. Les rosiers suivants sont cultivés. On extrait de leurs fleurs une huile essentielle concrète, d'un grand prix.

Rosier de mai : rosa cinnamomea. C'est le symbole de la précocité.

Rosier de tous les mois : rosa damascena. Sa fleur est le symbole de la beauté toujours nouvelle. Les variétés de cette rose sont : la gracieuse, le damas, la félicité et l'amitié.

Rosier à cent feuilles : rosa centifolia. C'est le symbole des Grâces. Les enfans de cette belle rose sont : la vilmorin, l'unique, la mousseuse, la constance, la folie, la couronne d'Italie et la rose des peintres.

Rosier blanc : rosa alba. Sa fleur est le symbole du silence. Les variétés de cette rose sont : la céleste, la camélia, la belle thérèse, l'élisa, la belle aurore, la fanni, la cuisse de nymphe et la beauté tendre.

Rosier des Alpes ou Rosier sans épines : rosa alpina. Il fournit quelques variétés également sans épines, et à fleurs doubles de diverses couleurs.

Rosier de Provins : rosa gallica. Ses variétés sont, en couleur pourpre : la rose renoncule, l'aigle, le manteau, le roi, la merveilleuse, la raucourt, la talma, la sans-pareille, le velours, la pompadour et le duc de bordeaux ; — en couleur violette : la rose évêque, le cordon bleu, le grand alexandre, louis XVIII, ninon, flavia et l'enfant de france ; — en couleur rose : la clémentine, la genlis, la guiche, la panachée et la pivoine.

Rosier du Bengale : rosa indica. Il a fourni les variétés suivantes : la rose noisette, la rose thé, la naine, la bichonne, la chinoise, la ternaux, la pompon, la boulotte et l'éclatante.

Rosier multiflore : rosa multiflora. Arbrisseau couvert de fleurs pendant la belle saison.

Rosier musqué : rosa moschata. Sa fleur est le symbole de la femme capricieuse. Une rose fanée a pour devise : Plutôt mourir que de céder ; la rose mousseuse est le symbole de l'amour voluptueux; la rose carminée est le symbole de la fraîcheur ; la rose ouverte est le symbole de la beauté ; la rose capucine est le symbole de l'éclat ; la rose pompon rouge est le symbole de la gentillesse; la rose pompon jaune est le symbole de l'infidélité; la rose panachée est le symbole des feux du cœur; une couronne de rose est le symbole de la vertu ; un simple bouton est le symbole d'une jeune fille. Si on réunit plusieurs espèces de fleurs, leurs symboles constituent un véritable langage. Par exemple, un bouquet composé de jasmin, de fraisier et d'une tulipe signifie : votre amabilité et votre bonté m'encouragent à vous déclarer mon amour. Un bouquet de réséda, d'héliotrope et d'un œillet rouge veut dire : vos qualités surpassent vos charmes et vous font aimer d'un amour vif et pur. Un bouquet de primevère, de chèvrefeuille et de souci signifie : la jeunesse imprudente s'engage dans les liens de l'amour, sans en prévoir les chagrins. Un bouquet de myosotis, de cyprès et de mouron veut dire : ne m'oubliez pas quand la tombe sera devenue mon dernier rendez-vous. Un bouquet d'iris d'Allemagne, d'iris flambe et d'aubépine signifie : je vous envoie ce message d'amour sur l'aile de l'espérance. Un bouquet de rose à cent feuilles, de lierre et de myrte veut dire : les grâces fixent également l'amour et l'amitié. Un bouquet de balsamine et de marguerite signifie : ne soyez pas impatient, j'y songerai. Un bouquet de violettes, de paquerettes et de fleurs de pommier veut dire : votre modestie et votre innocence vous font préférer. Un bouquet d'ipomée et de laurier-tin signifie : je m'attache à vous, et je meurs si vous me négligez. Un bouquet de fritillaire et de muguet veut dire : vous avez le pouvoir de me rendre au bonheur. Un bouquet de pensées et de bruyère signifie : je pense à vous pour charmer les ennuis de ma solitude. Un bouquet de myrte, d'églantier, de luzerne, d'ibéride et de cyprès veut dire : l'amour est l'âme de la vie, l'indifférence en est la mort. Et ainsi des autres fleurs emblématiques, qu'on peut choisir et assembler à volonté selon les circonstances.

Prunellier ou Epine noire : prunus nigra spinosa. Arbrisseau épineux, à feuilles ovales et fleurs blanches, symbole de la difficulté. Haies. On cultive une variété de cet arbrisseau, qui offre des fleurs doubles.

Prunier sauvage : prunus insititia. Arbrisseau presque sans épines, à feuilles lancéolées et fleurs blanches, symbole de l'indépendance. Haies.

Prunier domestique : prunus domestica. Arbre à feuilles ovales et fleurs blanches, symbole de la promesse. Culture. Les meilleures variétés de la prune sont : le perdrigon rouge ou violet, le perdrigon blanc ou prune de Sainte-Catherine, la quetsche bleuâtre, la marange rouge, la reine-claude et la mirabelle.

Prunier-Myrobolan : prunus myrobolana. Petit arbre à feuilles ovales, fleurs précoces, fruit en cœur, de la couleur et de la grosseur d'une cerise, mais insipides, symbole de la privation. Jardins,

Cerisier commun : cerasus vulgaris. Chacun connait cet arbre, qui est le symbole de la bonne éducation. Il a produit les espèces suivantes :

Cerisier-Guinier : cerasus juliana.

Cerisier-Bigarreautier : cerasus duracina.

Cerisier-Merisier : cerasus avium. On cultive dans les jardins d'agrément des merisiers à fleurs doubles. Le merisier à grappes se rencontre dans les bosquets.

Cerisier odorant ou Bois de Sainte-Lucie : cerasus mahaleb. Le bois de celui-ci est employé dans les arts ; son fruit est tout petit et immangeable.

Cerisier de la Toussaint : cerasus semperflorens. Cet arbre fleurit deux fois par an. Il transude de l'écorce de tous ces arbres une gomme fort ressemblante à celle d'Arabie et qui peut la remplacer comme pectorale et adoucissante.

Alizier commun : cratægus torminalis. Arbre à feuilles lobées et pubescentes, fleurs blanches, en corymbes velus, fruit connu sous le nom d'alize, bon à manger. Bois.

Alizier - Allouchier : cratægus aria. Arbre à feuilles ovales, fleurs blanches, fruit rouge. Bois.

Alizier-Amélanchier : cratægus amelanchier. Arbrisseau à feuilles rondes, fleurs blanches, fruit très-petit. Montagnes.

Alizier-Ergot de coq : cratægus crus galli. Arbre

très-épineux, à feuilles glabres, fleurs blanchâtres, fruit rouge. Jardins.

Alizier à larges feuilles ou Alizier de Fontainebleau : cratægus latifolia. Arbre à bois dur, feuilles ovales, un peu cotonneuses ; fleurs blanches, en corymbes velus, fruit rouge. Bois.

Alizier blanc : cratægus alba. Cet arbre diffère peu du précédent, mais son fruit est comestible. Son bois sert à faire des instrumens de musique ; c'est pour cela que ses fleurs sont le symbole des accords harmoniques.

Alizier-Aubépine ou Epine blanche : cratægus oxyacantha. Arbrisseau épineux, à feuilles lobées et fleurs blanches, symbole de l'espérance. Haies. On cultive des variétés de l'épine blanche, à fleurs roses et doubles.

Alizier-Buisson ardent : cratægus pyracantha. Arbrisseau toujours vert, à feuilles petites, fleurs blanchâtres, fruit écarlate résistant à l'hiver. Jardins.

Sorbier domestique : sorbus domestica. Arbre à feuilles de 15 à 17 folioles, fleurs blanches, en corymbes, fruit nommé corme, bon à manger. Bois.

Sorbier des oiseaux : sorbus aucuparia. Arbre à feuilles ailées comme les précédentes, fleurs blanches, fruit d'un rouge vif, en beaux corymbes. Bois.

Néflier : mespilus. Arbre à branches tortueuses, feuilles ovales, fleurs blanches, fruit comestible et astringent. Bois.

Pommier : malus. Arbre épineux dans l'état sauvage, à feuilles lancéolées, fleurs blanches ou roses, ayant pour devise : Je vous préfère. Cet arbre greffé produit des fruits très-variés de forme, de couleur et de goût. Les meilleures pommes à manger sont : la rainette, la calville, l'api et la rambour. Celles qui ne sont pas comestibles servent à faire du cidre, boisson fort saine et qui contient jusqu'à 9 pour cent d'alcool. Le cidre renferme en outre beaucoup d'acide carbonique, ce qui le rend agréable à la bouche et susceptible de mousser comme le vin de Champagne. On voit dans quelques jardins des pommiers à fleurs doubles, d'un effet charmant.

Poirier : pyrus. Arbre épineux avant d'être greffé, à feuilles ovales, fleurs blanches, fruit cordiforme, et ombiliqué comme la pomme. Les variétés de la poire sont nombreuses ; voici les principales : la madeleine, le rousselet, la cuisse-madame, le beurré, le doyenné, le messire-jean, la crassane, le st.-germain, la virgouleuse, le colmar, le bon-chrétien, la sylvange et la poire d'angleterre. D'autres variétés non-mangeables sont employées à faire le poiré. Ce cidre est un peu acerbe et ne vaut pas celui de pommes. On cultive dans les jardins des poiriers à fleurs doubles et nuancées.

Amandier : amygdalus. Arbre à feuilles lancéolées et fleurs rougeâtres, symbole de l'étourderie. L'émulsion d'amandes douces est rafraîchissante et pectorale. Mais l'amande amère est dangereuse, à cause de l'acide hydro-cyanique ou prussique qu'elle recèle. Jardins.

Pêcher commun : persica vulgaris. Arbre à feuilles lancéolées, fleurs roses, fruit velouté et succulent. On en cultive beaucoup de variétés, dont une à chair rouge.

Pêcher lisse : persica lœvis. Cet arbre diffère du précédent par ses longues feuilles et son fruit sans duvet. Les feuilles et les fleurs des deux espèces contiennent assez d'acide hydro-cyanique, pour les rendre très-laxatives.

Abricotier : armeniaca. Arbre à feuilles arrondies, fleurs blanches, fruit coloré. Ses variétés sont, l'abricot précoce et l'abricot-pêche.

Laurier-cerise ou Laurier-amandier : lauro-cerasus. Arbrisseau toujours vert, à feuilles lancéolées, fleurs blanches, en grappes droites, symbole de la perfidie. Jardins. Les feuilles de laurier-cerise renferment beaucoup d'acide hydro-cyanique, le plus subtil des poisons ; cependant les cuisiniers en mettent dans les crêmes pour leur donner le goût d'amande amère.

Cognassier commun: cydonia vulgaris. Arbrisseau cotonneux, à feuilles ovales, fleurs rougeâtres, fruit astringent. On en fait une gelée agréable au goût et saine à l'estomac. Jardins.

Cognassier du Japon: cydonia japonica. Arbrisseau à feuilles ovales et fleurs d'un rouge foncé. Jardins.

Spirée-Ulmaire ou Reine des prés: spiræa ulmaria. Tige herbacée mais grande, feuilles de 5 à 7 folioles, fleurs blanches très-petites, disposées en grosses panicules, symbole de l'inutilité. V. Lieux humides. La fleur d'ulmaire est sudorifique, résolutive et anodine.

Spirée-Filipendule : spiræa filipendula. Tige simple, feuilles à folioles fines, fleurs blanches ou rougeâtres, en corymbe. V. Haies.

Spirée à feuilles de mille-pertuis : spiræa hypericifolia. Arbrisseau à rameaux diffus, feuilles cunéiformes, fleurs blanches, en corymbe. Jardins.

Spirée à feuilles de saule : spiræa salicifolia. Arbuste à tiges nombreuses, feuilles lancéolées, fleurs rougeâtres, en épis droits. Jardins.

Spirée à feuilles d'obier, spiræa opulifolia. Arbrisseau rameux, à feuilles trilobées, fleurs blanches, en corymbe serré. Jardins.

Corchorus du Japon : kerria japonica. Arbrisseau à tiges vertes, feuilles digitées, fleurs jaunes, réunies en boules. Jardins.

Podalyre : podalyria. Arbrisseau à feuilles ailées, et fleurs en panicule blanchâtre. Jardins.

Fraisier des bois: fragaria vesca. Tige velue, feuilles trifoliées, fleurs blanches, symbole de la bonté. V. Partout. La racine de cette plante est apéritive.

Fraisier de tous les mois : fragaria semperflorens. Cette espèce produit des fraises rouges ou blanches jusqu'au pied de l'hiver. V. Jardins.

Fraisier élevé ou Capronnier : fragaria elatior. Son fruit, nommé capron, est gros et allongé, d'un rouge clair ou foncé et d'un goût musqué. V. Jardins.

Fraisier ananas : fragaria ananassa. Feuilles épaisses, fruit très-gros, d'un rouge pâle, peu sucré et sans parfum. V. Jardins.

Fraisier de l'Inde : fragaria indica. Il porte des fleurs jaunes, et des fruits insipides, symbole de l'apparence trompeuse. V. Jardins.

Potentille ou Argentine : potentilla anserina. Tige rampante, feuilles de 13 à 21 folioles soyeuses, fleurs jaunes. V. Lieux frais. Cette plante est astringente.

Potentille-Quintefeuille : potentilla reptans. Tiges

rampantes très-longues, feuilles à 5 folioles, fleurs jaunes, symbole d'une fille chérie. V. Bords des chemins. La racine de quintefeuille est un bon astringent.

Potentille printanière : potentilla verna. Tiges grêles, rameuses et velues, feuilles de 5 à 7 folioles, fleurs jaunes paraissant toute l'année. V. Lieux secs.

Potentille-Fraisier stérile: potentilla fragaria. Tiges touffues et rampantes, feuilles à 3 folioles, fleurs blanches. V. Bois.

Comarum : comarum. Tige rougeâtre, feuilles de 5 à 7 folioles, fleurs pourpres très-petites. V. Marais.

Tormentille : tormentilla. Tige filiforme, feuilles de 3 à 5 folioles, fleurs jaunes, à 4 pétales par exception à la famille. Cette plante a beaucoup de qualités : elle est astrigente ; elle renferme une grande quantité de tannin ; elle fournit une belle couleur rouge. V. Bois.

Benoite des villes : geum urbanum. Tige haute, feuilles de 5 à 7 folioles, fleurs jaunes, graines en têtes hérissées. V. Haies. La racine de benoite est astringente et fébrifuge.

Benoite des rives : geum rivale. Tige poilue, feuilles trilobées, fleurs rouges ou jaunes, quelquefois des deux couleurs réunies. V. Lieux humides.

Ronce en arbrisseau : rubus fruticosus. Tiges aiguillonnées, feuilles de 3 à 5 folioles, fleurs blanches ou rougeâtres, symbole de l'envie. Haies. La décoction des feuilles de ronce est très-utile dans les maux de gorge. On cultive la ronce à fleurs doubles.

Ronce-Framboisier : rubus idæus. Arbrisseau à à tiges blanchâtres, feuilles à 5 folioles, fleurs blanches, fruit comestible et antiputride. Jardins.

Ronce à grandes fleurs : rubus grandiflorus. Arbrisseau à tiges fortes, feuilles larges, fleurs roses. Jardins.

Ronce bleue : rubus cæcius. Arbrisseau à tiges glauques, aiguillons fins, feuilles de 3 à 5 folioles, fleurs blanches, fruit bleu, bon à manger. Haies.

Ronce des rochers : rubus saxatilis. Tiges herbacées, feuilles à 3 folioles, fleurs blanches, fruit rouge. V. Coteaux.

Aralie : aralia. Arbrisseau couvert d'épines blanches, feuilles lancéolées, fleurs rougeâtres. Jardins.

Famille philadelphée.

Seringat : philadelphus. Arbrisseau à feuilles ridées, fleurs blanches, à 4 pétales, symbole de l'amour fraternel. Haies.

Famille cactée.

Cactier commun : cactus opuntia. Tige épaisse, feuilles élargies, fleurs à 5 pétales variables pour la couleur. V. Jardins.

Cactier globuleux : cactus echinocactus. Masse arrondie imitant un gâteau de Savoie, ou une tête de vieillard en cheveux blancs; feuilles nulles, fleurs charnues et variées. V. Serres chaudes.

Cactier monstrueux : cactus monstruosus. Tiges informes qu'on prendrait pour des quartiers de roches. V. Jardins.

Cactier à grandes fleurs : cactus grandiflorus. Tiges fortes, fleurs rouges très-grandes, renfermant une quantité prodigieuse de pétales et d'étamines. Ces jolies fleurs s'épanouissent et meurent en un instant. V. Serres chaudes.

Cactier-Discipline : cactus flagelliformis. Tiges rameuses et anguleuses, feuilles nulles, fleurs rouges. V. Jardins.

Cactier-Cierge : cactus cereus. Tiges droites, fleurs variant dans toutes les couleurs. V. Jardins.

Ficoïde ou Glaciale : mesembrianthemum. Tiges étalées, feuilles larges, fleurs blanches ou rouges, symbole d'un cœur froid. V. Jardins.

Raquette : opuntia. Arbrisseau à tiges articulées

et aiguillonnées, feuilles petites, fleurs jaunes, fruit rouge, bon à manger. Serres chaudes.

Cochenillier : opuntia cochillinifera. Arbrisseau tortueux, à feuilles larges et piquantes, fleurs jaunes, fruit excellent. Serres chaudes. Les deux plantes précédentes nourrissent le petit insecte appelé cochenille, qui fournit du rouge fin. Elles ont pour symbole l'amour maternel.

Figuier d'Inde ou de Barbarie : opuntia ficus indica. Arbrisseau à articles plats, tenant lieu de feuilles et de branches ; fleurs jaunes, fruits ovoïdes, bons à manger, ayant pour devise : Je brûle. Serres chaudes.

Ananas : bromelia. Tige simple, feuilles longues, épineuses sur les bords ; fleurs bleues, fruit doré très-gros, d'un goût délicat, symbole de la perfection. V. Jardins.

CLASSE XIII. — POLYANDRIE (VINGT ÉTAMINES OU PLUS, INSÉRÉES SUR L'OVAIRE).

Famille papavéracée.

Pavot-Coquelicot : papaver rhœas. Tige hispide, feuilles pinnatifides, fleurs rouges, à 4 pétales, symbole de la beauté éphémère et de la consolation.

A. Champs. L'infusion de fleurs de coquelicot est pectorale et calmante dans les toux de mauvais caractères.

Pavot douteux : papaver dubium. Tige rameuse, feuilles découpées, fleurs rouges, plus petites que les précédentes, mais possédant les mêmes vertus. A. Champs.

Pavot somnifère: papaver somniferum. Tige haute, feuilles incisées, fleurs rougeâtres ou blanches, symbole du repos du cœur. C'est de ce pavot, et surtout de celui à fleurs blanches, qu'on obtient l'opium, et c'est de l'opium qu'on extrait la morphine. Les capsules servent à préparer le fameux sirop diacode, qui est si usité comme calmant et adoucissant. Toute la plante d'ailleurs possède ces deux qualités, et on fait avec sa graine l'huile d'œillette, qu'on mêle à l'huile d'olive, pour la table. Les fleurs des deux variétés du pavot somnifère doublent dans les jardins sous toutes sortes de formes et de couleurs. A.

Pavot-Argémone : papaver argemone. Tige velue, feuilles pinnatifides et terminées par un poil, fleurs rouges, tachées à la base. A. Champs.

Pavot à bractées : papaver bracteatum. Tige forte, feuilles grandes, fleurs très-variées, et entourées de folioles ou bractées. V. Jardins.

Chélidoine-Pavot cornu : chelidonium glaucium. Tige élevée, feuilles pinnatifides, fleurs jaunes, capsule longue et courbée. B. Lieux secs. Il paraît que la décoction de cette plante est capable de produire la démence.

Chélidoine-Eclaire: chelidonium majus. Tige velue, feuilles de 5 à 9 folioles, fleurs jaunes, capsule ou silique allongée. V. Haies. On emploie le suc jaune de chélidoine comme caustique contre les ulcères, et on l'administre parfois dans l'hydropisie. La racine est un puissant diurétique, mais il faut se défier de son énergie.

Nénuphar jaune : nymphæa lutea. Tige longue, feuilles larges, fleurs à 10 pétales jaunes, symbole du refroidissement. V. Eaux. Cette plante était employée jadis pour éteindre les feux du cœur.

Nénuphar blanc ou Lis des étangs : nymphæa alba. Tige grande, feuilles vastes, fleurs très-grosses, d'un beau blanc, symbole de l'éloquence. V. Eaux.

Cumin cornu : hypecoum. Hampe divisée, feuilles bipinnées, fleurs jaunes, à 4 pétales dont 2 grands, silique longue et courbée. A. Champs.

Famille tiliacée.

Tilleul : tilia. Arbre à feuilles en cœur, fleurs

jaunâtres, à 5 pétales, symbole de l'amour conjugal. Bois. On cultive dans les jardins le tilleul à larges feuilles; le tilleul de corynthe, à rameaux rouges; et le tilleul argenté, à feuilles blanchâtres. La fleur de tous ces arbres est antispasmodique. L'écorce du bois sert à faire de la grosse toile, des cordages et des chapeaux.

Sterculier : sterculea. Arbre à tronc lisse et droit, feuilles vastes, fleurs blanchâtres. Jardins.

Famille cistée.

Hélianthème ou Fleur du soleil : cistus helianthemum. Tige couchée, feuilles oblongues, fleurs jaunes, à 5 pétales. V. Coteaux.

Hélianthème poilu : helianthemum pilosum. Tige garnie de poils blancs, feuilles roulées, fleurs blanches. V. Montagnes.

Famille renonculacée.

Renoncule-Petite douve: ranunculus flamula. Tige penchée, feuilles ovales ou allongées, fleurs jaunes, à 5 pétales. V. Marais. Toutes les renoncules sont vésicantes comme les cantharides.

Renoncule langue : ranunculus lingua. Tige forte, feuilles longues, fleurs jaunes. V. Marais.

Renoncule scélérate : ranunculus sceleratus. Tige haute, rameuse et rayée, feuilles lobées ou pinnatifides, fleurs jaunes assez petites, symbole de l'ingratitude. V. Lieux humides. Cette espèce est dangereuse ; on prétend que son usage produit le rire sardonique. La suivante est dans le même cas.

Renoncule âcre : ranunculus acris. Tige fistuleuse et nue, feuilles radicales à 5 lobes principaux, fleurs jaunes, en panicule étalée. V. Prés. On cultive cette plante dans les jardins sous le nom de bouton d'or, symbole du lustre.

Renoncule laineuse : ranunculus lanuginosus. Tige dressée, feuilles grandes, fleurs jaunes. V. Bois.

Renoncule rampante ou Bacinet : ranunculus repens. Tiges couchées et enracinées sur la terre, feuilles tachées de blanc, fleurs jaunes. V. Le bacinet est commun dans les champs et difficile à extirper.

Renoncule des blés : ranunculus arvensis. Tige rameuse, feuilles trifoliées et pinnatifides, fleurs petites, d'un jaune pâle. A. Champs.

Renoncule aquatique ou Grenouillette: ranunculus aquatilis. Tige variable selon le lieu où elle croît, feuilles larges ou bipinnées, fleurs blanches, avec des onglets jaunes. V. Bords de l'eau et dans l'eau.

Renoncule partagée : ranunculus tripartitus. Tige

délicate, feuilles fines, fleurs blanches très-petites. V. Marais.

Renoncule à feuilles d'aconit ou Bouton d'argent: ranunculus aconitifolius. Tige rameuse, feuilles palmées, fleurs blanches, grandes et doubles. V. Jardins.

Renoncule d'Asie : ranunculus asiaticus. Tige basse, feuilles deux fois trifoliées et incisées, fleurs terminales très-grandes, doublant et variant à volonté, symbole de la parure. V. Jardins.

Actæa-Christophoriane ou Herbe de Saint-Christophe : actæa. Tige rameuse, feuilles tripinnées, folioles larges ; fleurs blanches, à 4 pétales, baies noires. V. Bois. Cette plante fait tellement vomir qu'elle peut rendre fou ; cependant elle est usitée, à très-petite dose, comme purgative et sudorifique.

Dauphinelle-Pied d'alouette des champs : delphinium consolida. Tige rameuse, feuilles laciniées, fleurs bleues, à 5 pétales et un éperon. A. Partout. La graine de cette espèce est vermifuge, mais dangereuse.

Dauphinelle-Pied d'alouette des jardins : delphinium ajacis. Tige haute et garnie de rameaux redressés, fleurs en longs épis, doublant facilement et variant dans toutes les couleurs, symbole de la légèreté. A. Culture.

Aconit - Tue-loup : aconitum lycoctonum. Tige droite, feuilles de 5 à 7 folioles noirâtres, fleurs jaunes n'ayant que deux pétales, mais un calice de 5 pièces colorées, dont une en forme de casque. V. Bois. L'aconit est un poison; on en tire l'aconitine.

Aconit napel : aconitum napellus. Tige élevée, feuilles palmées, fleurs d'un bleu triste, en épi. V. Jardins.

Aconit paniculé : aconitum paniculatum. Tige droite, feuilles palmées, fleurs d'un beau bleu, en panicules. V. Jardins.

Hellébore fétide ou Pied de griffon : helleborus fœtidus. Tige forte, feuilles digitées, fleurs vertes et bardées de rouge. V. Coteaux. Les feuilles sèches de cette plante sont vermifuges, mais suspectes.

Hellébore noir ou Rose de Noël : helleborus niger. Hampe écailleuse, feuilles grandes, fleurs rougeâtres, symbole du bel esprit. V. Jardins. On s'est servi de cet hellébore pour guérir la folie.

Eranthe : eranthis. Tige grosse, feuilles luisantes, fleurs jaunes très-grandes. V. Jardins.

Ancolie-Gant de Notre Dame : aquilegia. Tige rameuse, feuilles à trois folioles lobées, fleurs bleues, à 5 pétales roulés. V. Coteaux. On en cultive des variétés à fleurs doubles et de différentes couleurs, symbole de la folie.

Nigelle des champs : nigella arvensis. Tige simple, feuilles capillaires, fleurs bleuâtres, à beaucoup de pétales bifides. A. Lieux secs. Cette plante est dangereuse. On l'appelle vulgairement nielle, ainsi que la suivante.

Nigelle de Damas ou Cheveux de Vénus et Patte d'araignée : nigella damasena. Tige droite, feuilles capillaires, fleurs d'un bleu pâle, simples ou doubles et entourées d'une jolie collerette de feuilles fines. A. Jardins.

Koelléa : koellea. Hampe courte, feuille unique, fleurs jaunes. V. Lieux humides.

Clématite des haies ou Viorne et Herbe aux gueux : clematis vitalba. Tige sarmenteuse, feuilles à 5 folioles, fleurs blanches, à 4 pétales, symbole de l'artifice. Haies. La clématite est vésicante comme les cantharides. On en cultive plusieurs jolies variétés : une à feuilles entières et fleurs en cloches blanches ; une autre à fleurs bleues ; et une troisième à fleurs doubles.

Clématite droite : clematis recta. Tige herbacée, grosse et lisse, feuilles à larges folioles, fleurs blanchâtres très-petites, en grandes panicules. V. Jardins.

Pigamon jaune ou Rue des prés et Rhubarbe des pauvres : thalictrum flavum. Tige haute, feuilles à folioles lobées, fleurs jaunes, en grosses panicules. V. Lieux humides. La racine de cette plante teint en jaune, et les habitants des campagnes s'en servent pour se purger.

Pigamon des rochers : thalictrum saxatile. Tige en zig-zag, feuilles comme les précédentes, fleurs jaunâtres, en panicules lâches. V. Lieux secs.

Pigamon petit : thalictrum minus. Tige rameuse, feuilles à folioles nombreuses et arrondies, fleurs jaunâtres, en panicules penchées. V. Bois.

Anémone-Pulsatille : anemone pulsatilla. Tige nulle, feuilles à divisions très-étroites et terminées par un poil ; fleurs violettes, à larges pétales velus en dehors, collerette élégante, placée à un pouce au-dessous. V. Bois. La pulsatille est extrêmement corrosive ; on dit même qu'elle est dangereuse; néanmoins on l'emploie dans la paralysie et l'amaurose.

Anémone des bois ou Sylvie : anemone nemorosa. Feuilles à 3 folioles ovales et découpées, hampe poilue et entourée d'une collerette, fleurs à 6 pétales d'un blanc un peu rougeâtre. V. Bois.

Anémone à feuilles de renoncule ou Sylvie jaune : anemone ranunculoïdes. Feuilles longuement pédonculées et digitées, hampe garnie d'une collerette, fleurs jaunes, à 6 pétales obtus, symbole de la maladie. V. Bois.

Anémone sauvage : anemone sylvestris. Feuilles de 3 à 5 folioles trifides, hampe entourée d'une collerette vers le milieu ; fleurs blanches, à 5 grands pétales. V. Bois.

Anémone des fleuristes : anemone coronaria. Feuilles très-menues, hampe garnie d'une collerette, fleurs à larges pétales, doublant souvent et variant à l'infini pour la couleur, symbole de l'abandon. V. Jardins.

Hépatique-Herbe de la Trinité : hepatica. Feuilles longuement pétiolées et divisées en trois lobes arrondis, hampes nombreuses, fleurs simples ou doubles et de toutes les couleurs, symbole de la confiance. V. Bois et jardins. Cette plante est vulnéraire.

Caltha des marais ou Populage et Souci d'eau : caltha palustris. Tige forte, feuilles vastes et réniformes, fleurs jaunes, à 5 ou 7 grands pétales. V. Lieux humides. Cette plante est vésicante comme les renoncules.

Ficaire ou Petite chélidoine : ficaria. Tige basse, feuilles cordiformes, fleurs jaunes, à 8 ou 9 pétales allongés. V. Lieux humides. La ficaire est très-suspecte.

Adonis annuel : adonis annua. Tige rameuse, feuilles capillaires, fleurs rouges, à 7 ou 8 pétales arrondies. A. Champs.

Adonis d'automne ou Œil de perdrix : adonis autumnalis. Tige rameuse, feuilles très-découpées, fleurs d'un rouge vif, disposées en épis. A. Jardins. Les deux espèces sont le symbole du souvenir douloureux.

Pivoine à fleurs pleines : pæonia flore pleno. Tige haute, feuilles à folioles lancéolées, fleurs très-grandes et variées dans plusieurs couleurs. V. Jardins.

Pivoine à feuilles menues : pæonia tenuifolia. Tige forte, feuilles décomposées ; fleurs variées. V. Jardins.

Pivoine en arbre : pæonia arborea. Arbrisseau rougeâtre, à feuilles bipinnées, fleurs vastes, adoptant toutes les nuances. Jardins. Les trois espèces de pivoine sont le symbole de la honte.

Tulipier : liriodendrum. Arbre à feuilles larges et lobées, fleurs d'un jaune verdâtre mêlé de rouge, imitant une tulipe. Jardins.

Boule d'or : trollius. Tige droite, feuilles palmées, fleurs jaunes fort grosses. V. Jardins.

Isopyre : isopyrum. Tige grêle, feuilles trifoliées, fleurs blanches. V. Bois.

Magnolia à grandes fleurs : magnolia grandiflora. Arbre à feuilles larges, épaisses et persistantes, fleurs blanches, en grosses cloches. Jardins. On cultive beaucoup de variétés du magnolia.

Camélia: camellia. Arbrisseau toujours vert, à feuilles ovales, fleurs en rose de diverses couleurs, s'épanouissant toute l'année dans les appartements. Les variétés de ce charmant arbrisseau sont innombrables.

CLASSE XIV. — DIDYNAMIE (QUATRE ÉTAMINES DONT 2 PLUS GRANDES.)

Famille verbénacée.

Verveine officinale : verbena officinalis. Tige branchue, feuilles ridées et incisées, fleurs rougeâtres, en épis délicats, corolle à 5 divisions, symbole de l'enchantement. B. Bords des chemins. La verveine est bonne en topique pour la guérison des douleurs. On la pile fraîche, ou on la fait bouillir dans le vinaigre.

Verveine toujours en fleurs : verbena semperflorens. Tiges couchées, feuilles allongées, fleurs de toutes les couleurs, disposées en panicules. A. Jardins. On cultive aussi la verveine en arbrisseau.

Famille labiée. (La plupart des plantes de cette famille renferment de l'huile essentielle et du camphre.)

Bugle rampante : ajuga reptans. Tige à rejets enracinés, feuilles ovales, fleurs bleues, roses ou blanches, en épi verticillé. V. Prés.

Bugle pyramidale : ajuga pyramidalis. Tige carrée, feuilles ovales, fleurs d'un beau bleu, quelquefois rouges ou blanches. B. Bois.

Bugle-Ivette : ajuga chamæpitys. Tige velue, feuilles du bas allongées, les autres divisées en trois ; fleurs d'un jaune marqué de noir. A. Champs. Cette plante est en usage contre les rhumatismes et la goutte.

Germandrée-Petit chêne : teucrium chamædrys. Tiges nombreuses, feuilles dures et fortement dentées, fleurs rouges, entourées de feuilles purpurines. V. Coteaux. Le petit chêne est stomachique et fébrifuge.

Germandrée-Scordium : teucrium scordium. Tiges velues, feuilles ovales, fleurs rouges, bleues ou blanches, réunies par 2 ou 3 dans les aisselles. V. Lieux humides. Cette plante est plus efficace que la précédente, et son odeur d'ail la fait préférer dans les maladies pestilentielles. Les Grecs s'en servaient pour conserver leurs morts.

Germandrée-Sauge des bois : teucrium scorodonia. Tige velue, feuilles en cœur-allongé, fleurs jaunâtres, en grappe unilatérale. V. Bois.

Germandrée de montagne : teucrium montanum.

Touffe de tiges ligneuses à leur base, feuilles étroites et roulées, fleurs jaunâtres, en tête. V. Coteaux.

Germandrée-Botrys : teucrium botrys. Tige branchue et velue, feuilles découpées en lobes arrondis, fleurs rouges, réunies par 3 ou 4 dans les aisselles. A. Lieux secs. Le botrys est aromatique et tonique.

Hysope : hyssopus. Tiges ligneuses, feuilles glabres, fleurs bleues, en petits paquets tournés du même côté. V. Lieux secs et jardins. On use de cette plante en infusion théiforme, dans l'asthme et le catarrhe.

Népéta-Herbe aux chats : nepeta cataria. Tige carrée, feuilles à grosses dents, fleurs blanches ou rouges, en verticilles. V. Haies. L'herbe aux chats possède les qualités de l'hysope.

Menthe sauvage : mentha sylvestris. Tige carrée et blanchâtre, feuilles lancéolées, fleurs rougeâtres, en épi ovoïde. V. Lieux humides.

Menthe à feuilles rondes ou Baume sauvage : mentha rotundifolia. Tige droite, feuilles crépues, fleurs roses, en épis étalés. V. Lieux humides.

Menthe verte ou Baume vert : mentha viridis. Tiges et feuilles très-vertes, fleurs rougeâtres, en épis allongés. V. Coteaux.

Menthe aquatique : mentha aquatica. Tige blanchâtre, feuilles pétiolées, fleurs rougeâtres, en gros épis courts. V. Bords de l'eau.

Menthe verticillée : mentha verticillata. Tige petite, feuilles ovales, fleurs rouges, en verticilles. V. Lieux humides.

Menthe des champs : mentha arvensis. Tige faible, feuilles arrondies, fleurs roses, en verticilles. V. Partout.

Menthe-Pouillot : mentha pulegium. Tiges ligneuses, feuilles petites, fleurs roses, en verticilles nombreux. V. Lieux humides. Les espèces précédentes sont toniques et antispasmodiques. Leur infusion est recommandée dans les fièvres malignes et le typhus. Toutes ces plantes sont en outre stomachiques, cordiales et carminatives ; cependant on préfère celles qu'on appelle baume sauvage, baume vert et pouillot.

Menthe poivrée : mentha piperita. Tige haute, feuilles oblongues, fleurs rougeâtres, en épis arrondis. V. Jardins. Celle-ci réunit toutes les qualités des autres, et on la fait entrer dans la composition des pastilles. On assure que ses tiges, mises dans l'eau, attirent le poisson. La menthe est le symbole des nobles sentiments.

Gléchoma-Lierre terrestre : glechoma hederacea. Tige faible, feuilles réniformes, fleurs bleues, rouges ou blanches. V. Haies. Cette plante est en grand usage dans les affections de poitrine.

Lamier blanc ou Ortie blanche : lamium album. Tige simple, carrée et velue, feuilles cordiformes, fleurs blanches, en verticilles. V. Haies. Le suc et l'infusion de ce lamier sont astringents.

Lamier pourpre : lamium purpureum. Tige couchée, feuilles cordiformes, fleurs pourpres ou blanches. A. Champs.

Lamier incisé : lamium incisum. Il ne diffère du précédent que par ses feuilles lobées et incisées.

Lamier embrassant : lamium amplexicaule. Tige fléchie, feuilles du bas pétiolées, celles du haut colorées ; fleurs rouges, en verticilles nombreux, corolle grêle. A. Champs. Ces quatre espèces, et notamment les deux premières, fleurissent toute l'année.

Galéobdolon-Ortie jaune : galeobdolon luteum. Tige velue, feuilles grandes, fleurs jaunes, en verticilles. V. Bois.

Galéopsis-Ortie rouge : galeopsis ladanum. Tige rameuse, feuilles lancéolées, fleurs rouges et marquées de jaune. A. Champs.

Galéopsis tétrahit : galeopsis tetrahit. Tige élevée, renflée aux articulations et très-poilue, feuilles larges, fleurs rouges ou blanches, entourées d'un calice épineux. A. Bois. On observe parfois cette plante avec une fleur terminale, régulière et non labiées comme les autres.

Galéopsis jaune : galeopsis ochroleuca. Tige velue, feuilles blanchâtres, fleurs assez grandes, de couleur jaune. A. Champs.

Bétoine officinale : betonica officinale. Tige carrée et velue, feuilles allongées, fleurs d'un rouge foncé, disposées en verticilles, calice pourpre. V. Bois. On en trouve une variété qui est plus velue, dont les fleurs sont d'un rouge clair et le calice vert. La racine et les feuilles de ces deux plantes sont purgatives et émétiques ; on préfère la première.

Stachys annuel : stachys annua. Tige carrée, feuilles lancéolées, fleurs blanches. A. Rien n'est plus commun que cette plante dans les champs.

Stachys redressée ou Crapaudine : stachys recta. Tige à demi couchée, feuilles velues, fleurs jaunâtres et tachées de noir. V. Haies.

Stachys des champs : stachys arvensis. Tige faible, feuilles ovales, fleurs rouges. A. Cette espèce est fréquente dans les éteules.

Stachys des marais ou Ortie morte : stachys palustris. Tige hispide, feuilles longues, fleurs purpurines et jaunâtres, en épi verticillé. V. Marais.

Stachys des bois ou Ortie puante : stachys sylvatica. Tige haute et rude, feuilles larges, fleurs d'un pourpre taché de blanc. V. Bois.

Stachys d'Allemagne : stachys germanica. Tige cotonneuse, feuilles ovales, fleurs rouges, en épi drapé. V. Lieux secs.

Marrube blanc : marrubium album. Tiges blanchâtres, feuilles rugueuses, fleurs blanches, en verticilles, calice à 10 dents. V. Bords des chemins. Le marrube est employé dans la chlorose, l'asthme et le catarrhe. On en fait un grand cas dans la menstruation difficile.

Ballote noire ou Marrube noir : ballota nigra. Tige carrée, feuilles arrondies, fleurs rougeâtres, en têtes latérales. V. Bords des chemins. Cette plante est anti-hystérique.

Phlomis : phlomis. Tige forte, feuilles étroites, fleurs jaunes, entourées de duvet. V. Jardins. On cultive aussi le phlomis en arbrisseau.

Agripaume-Cardiaque : leonurus cardiaca. Tige haute, feuilles palmées, fleurs d'un pourpre pâle, disposées en verticilles serrés et poilus. V. Lieux secs. La variété de cette plante est cultivée dans les jardins ; elle offre des fleurs couleur de feu.

Agripaume-Faux marrube : leonurus marrubiastrum. Tige cotonneuse, feuilles ovales, fleurs blanchâtres très-petites. V. Lieux humides.

Origan commun : origanum vulgaris. Tige pubescente, feuilles arrondies, fleurs rougeâtres, en têtes garnies de bractées pourpres. V. Coteaux. L'origan est employé contre la toux humide, l'asthme et la pulmonie.

Origan-Marjolaine : origanum marjolana. Plante assez semblable à la précédente et jouissant des mêmes vertus. V. Jardins.

Origan-Dictame de Crète : origanum creticum. Arbuste à feuilles arrondies, fleurs rouges, en épis, symbole de la naissance. Jardins.

Clinopode : clinopodium. Tiges velues, feuilles ovales, fleurs rouges, formant 2 ou 3 verticilles arrondies. V. Montagnes.

Thym-Serpolet: thymus serpillum. Tiges couchées, feuilles ovales, fleurs rouges ou blanches, en épis. V. Coteaux.

Thym-Acynos : thymus acynos. Tiges étalées, feuilles petites, fleurs rougeâtres, en verticilles. A. Lieux secs.

Thym vulgaire : thymus vulgaris. Tiges ligneuses, feuilles persistantes, fleurs rougeâtres, en épis, symbole de l'activité. V. Jardins.

Mellitis à feuilles de mélisse ou Mélisse des bois : mellitis melissophyllum. Tige blanchâtre, feuilles grandes, fleurs rougeâtres ou jaunâtres très-grandes. V. Bois.

Brunelle commune : brunella vulgaris. Tige carrée, feuilles ovales, fleurs bleues ou blanches, en épi court. V. Lieux humides. Cette brunelle est astringente.

Brunelle à grandes fleurs : brunella grandiflora. Tige ronde, feuilles obtuses, fleurs bleues, pourpres ou blanches. V. Coteaux.

Brunelle laciniée : brunella laciniata. Tige couchée, feuilles découpées, fleurs rouges ou jaunâtres. V. Lieux secs.

Brunelle pinnatifide : brunella pinnatifida. Tige carrée, feuilles découpées, fleurs pourpres. V. Coteaux.

Monarde : monardia. Tige étagée, feuilles allongées, fleurs d'un rouge éclatant, disposées en verticilles élégants. V. Jardins.

Scutellaire-Toque : scutellaria galericulata. Tige penchée, feuilles lancéolées, fleurs violettes. V. Lieux humides. Cette plante est indiquée comme utile contre la rage.

Scutellaire petite : scutellaria minor. Tige délicate, feuilles cordiformes, fleurs rougeâtres, rangées du même côté. V. Lieux humides.

Scutellaire des Alpes : scutellaria alpina. Tige inclinée, feuilles crénelées, fleurs bleuâtres. V. Coteaux.

Lavande : lavandula. Tiges ligneuses , feuilles persistantes , fleurs bleues , en épi simple, symbole de la méfiance. V. Jardins.

Sarriette : satureia. Tige en buisson , feuilles linéaires , fleurs rougeâtres très-petites. A. Jardins. La sarriette sert en cuisine.

Basilic commun : ocymum basilicum. Tige rameuse , feuilles ovales , fleurs blanches ou un peu purpurines , disposées en grappes. A. Jardins. On en cultive deux variétés : l'une à larges feuilles d'un vert foncé ; l'autre de couleur violette. On fait avec le basilic un onguent précieux pour la guérison des animaux domestiques.

Basilic nain : basilicum minimum. Joli petit buisson arrondi , à feuilles ovales , fleurs comme les précédentes , et comme elles , symbole de la haine. A. Jardins.

Mélisse officinale : melissa officinalis. Tige carrée, feuilles ovales , fleurs blanches ou incarnates, symbole de la plaisanterie. V. Haies et jardins. Cette plante est tonique , antispasmodique , et souvent employée en infusion dans l'apoplexie , la paralysie et la débilité musculaire.

Mélisse-Calament : melissa calamentha. Tige pubescente , feuilles ovales , fleurs rougeâtres. V. Bois et jardins. Le calament a toutes les vertus de la mélisse, et on l'emploie de même.

Mélisse à feuilles de népéta : melissa nepeta. Tige blanchâtre, feuilles ovales, fleurs rouges. V. Bois.

Horminum des Pyrénées: horminum pyrenaïcum. Tige mince et nue, feuilles cordiformes, fleurs rouges. V. Montagnes.

Famille orobanchée.

Orobanche du caille-lait : orobanche galii. Plante parasite, à tige couverte de poils et d'écailles jaunâtres, fleurs roses, en gros épis, corolle à 2 lèvres, symbole de l'union. V. L'orobanche vit aux dépens du caille-lait, du serpolet et de la germandrée.

Orobanche touffue : orobanche comosa. Tige à écailles bleuâtres, fleurs nuancées. V. Cette plante vit sur les racines de mille-feuille.

Orobanche grande : orobanche major. Tige forte, anguleuse et écailleuse, fleurs en très-longs épis, corolle grosse, à 4 divisions de couleur de rouille. V. Celle-ci vit sur les racines de genêt.

Orobanche élevée : orobanche elatior. Tige forte, écailles allongées, fleurs purpurines, en épi. V. Haies.

Orobanche élégante : orobanche elegans. Tige violette, écailles linéaires, fleurs blanches, en longs épis. V. Bois.

Orobanche petite : orobanche minor. Tige écailleuse, fleurs blanchâtres. V. On trouve cette orobanche sur la racine du chardon roland.

Orobanche rameuse : orobanche ramosa. Tige et branches jaunâtres, fleurs jaunes ou bleues fort petites. V. On la rencontre sur les racines de chanvre.

Lathréa écailleuse : lathræa squammaria. Tige creuse, noirâtre et écailleuse à la base, fleurs pédonculées sur un épi allongé, corolle à 2 lèvres brunes. V. Bois.

Lathréa-Clandestine : lathræa clandestina. Tiges souterraines, fleurs variées et enveloppées dans la mousse, symbole de l'amour caché. V. Jardins.

Famille pédiculariée.

Pédiculaire des marais ou Herbe aux poux : pedicularia palustris. Tige rameuse, feuilles profondément pinnatifides et bordées de blanc, calice enflé, fleurs rouges, à 2 lèvres. A. Bois et marais. Cette plante est employée à détruire les poux, et pour déterger les vieux ulcères. On s'en sert en décoction, ou fraîche et pilée.

Pédiculaire des bois : pedicularia sylvatica. Tige étalée, feuilles comme les précédentes, fleurs d'un rouge pâle ou blanches. A. Prés et bois.

Euphraise officinale : euphrasia officinalis. Tige rameuse, feuilles fortement dentées, fleurs blanches, marquées de jaune et de pourpre, corolle à 2 lèvres. A. Lieux secs. On en trouve une variété à feuilles noirâtres et coriaces. L'eau distillée de ces deux plantes est bonne pour tous les maux d'yeux.

Euphraise des Alpes : euphrasia alpina. Tige assez élevée, feuilles oblongues, fleurs rouges. V. Montagnes.

Euphraise commune : euphrasia odontites. Tige pubescente ; feuilles allongées, fleurs rougeâtres, tournées du même côté. A. Champs.

Euphraise jaune : euphrasia lutea. Tige rameuse, feuilles étroites, fleurs jaunes. A. Coteaux.

Rhinanthus-Crête de coq : rhinanthus crista galli. Tige pourprée, feuilles étroites, fleurs jaunes, entremêlées de longues bractées ; corolle en casque, graine malfaisante. A. Prés.

Rhinanthus velue : rhinanthus hirsuta. Elle ne diffère de la précédente que par sa tige plus forte et plus verte. A. Prés.

Mélampyre à crête : melampyrum cristatum. Tige droite, feuilles allongées, fleurs jaunes et pourpres, en épi serré et garni de bractées. A. Coteaux.

Mélampyre des champs ou Rougeole : melampyrum arvense. Tige pubescente, feuilles étroites, fleurs rouges et jaunes, entremêlées de bractées pourpres. A. Champs. La graine de rougeole rend le pain bleu et lui communique un mauvais goût.

Mélampyre des bois : melampyrum sylvaticum. Tige délicate, feuilles molles, fleurs jaunes, à tube allongé. A. Bois.

Mélampyre des prés : melampyrum pratense. Tige forte, feuilles lancéolées, fleurs jaunâtres. A. Lieux humides.

Famille antirrhinée ou personée.

Muflier-Tête de mort : antirrhinum orontium. Tige droite, feuilles étroites, fleurs pourpres, corolle à 2 lèvres, symbole de la présomption. A. Champs.

Muflier-Mufle de veau ou Gueule de lion : antirrhinum majus. Tige rameuse, feuilles d'un vert foncé, fleurs grandes, variant dans toutes les couleurs et souvent panachées. B. Jardins. Cette plante est active. On s'en sert contre les ulcères, et quelquefois dans l'hydropisie.

Linaire-Cymbalaire : linaria cymbalaria. Tige couchée , feuilles lobées , fleurs bleues ou blanches , à 2 lèvres et un éperon. V. Vieux murs.

Linaire-Elatinée : linaria elatinea. Tige étalée, feuilles ovales , fleurs jaunâtres , longuement pédonculées. A. Bords des chemins.

Linaire-Velvote : linaria spuria. Tige velue , feuilles larges, fleurs jaunes et marquées de pourpre. A. Bords des chemins. La velvote est employée dans l'hydropisie et contre les ulcères ; mais elle a une énergie qui peut devenir fatale.

Linaire simple : linaria simplex. Tige droite , feuilles étroites et presque verticillées, fleurs jaunes. A. Champs.

Linaire des champs : linaria arvensis. Tige rameuse , feuilles par 4 dans le bas et alternes en haut, fleurs bleuâtres. A. Partout.

Linaire petite : linaria minor. Tige visqueuse , feuilles ovales , fleurs d'un blanc pourpre. A. Coteaux.

Linaire rampante : linaria repens. Tiges étalées sur la terre , feuilles étroites , fleurs blanchâtres et veinées de bleu. V. Coteaux.

Linaire de Montpellier : linaria monspessulana. Tige simple , feuilles nombreuses , fleurs blanches, en épi. V. Bords des chemins.

Linaire pourpre : linaria purpurea. Tige forte et

rameuse, feuilles lancéolées et verticillées, fleurs nombreuses, en longs épis pourprés. V. Bords des chemins.

Linaire couchée : linaria supina. Tige étalée, feuilles charnues, fleurs jaunes, en épi ou en tête. A. Sables.

Linaire vulgaire ou Lin sauvage : linaria vulgaris. Tige haute et branchue, feuilles éparses, fleurs jaunes, velues intérieurement. V. Bords des chemins. Cette plante pilée est bonne sur les ulcères, et on l'emploie avec précaution dans l'hydropisie, mais il faut se défier de son activité.

Limoselle : limosella. Touffe à rejets rampants, feuilles ovales, fleurs blanchâtres. V. Lieux humides.

Scrophulaire printanière : scrophularia vernalis. Tige simple, feuilles cordiformes, fleurs jaunâtres, en panicule, corolle globuleuse. B. Bois.

Scrophulaire noueuse : scrophularia nodosa. Tige carrée, feuilles lancéolées, fleurs noirâtres, en grappe allongée. V. Lieux humides. Cette espèce est en usage contre la gale et les scrofules. On l'emploie en décoction, à l'extérieur seulement.

Scrophulaire aquatique ou Betoine d'eau et Herbe au siége : scrophularia aquatica. Tige forte, feuilles ovales, lancéolées et parfois auriculées, fleurs pourpres, en petites panicules latérales. V. Bords de l'eau. Cette plante est un bon vulnéraire qu'on employait autrefois dans les armées, pour la guérison des blessés. La médecine moderne en fait peu de cas.

Scrophulaire des chiens : scrophularia canina. Tige ronde, feuilles très-découpées, fleurs presque noires. V. Bois.

Erinus : erinus. Tiges couchées, feuilles à folioles spatulées, fleurs roses ou blanches. V. Montagnes.

Molucelle : molucella. Arbrisseau ou herbe à feuilles rudes et piquantes, fleurs rougeâtres assez grandes. Jardins.

Morandie : morandia. Tiges grimpantes, feuilles lancéolées, fleurs violettes et veloutées. V. Jardins. Cette jolie plante garnit bien un mur.

Digitale pourprée : digitalis purpurea. Tige forte, feuilles lancéolées, de couleur grisâtre et molles au toucher ; fleurs pendantes, d'un pourpre tigré, disposées en épi lâche, corolle en dé à coudre, symbole de l'occupation. V. Bois. La digitale est tellement active que son usage peut donner la mort. On l'emploie en teinture alcoolique, donnée par gouttes, pour modérer la circulation du sang et provoquer les urines.

Digitale jaune : digitalis lutea. Tige droite, feuilles

lancéolées, fleurs jaunes. V. Coteaux.

Digitale ligulée: digitalis ligulata. Tige anguleuse, feuilles lancéolées, fleurs rougeâtres. V. Lieux secs.

Calsolarie : calsolaria. Sous-arbrisseau à feuilles élargies, velues ou lisses ; fleurs globuleuses, d'un beau jaune. V. Jardins.

Linnæa : linnæa. Arbrisseau toujours vert, à feuilles lancéolées et fleurs roses. Jardins. Cet arbrisseau a été dédié au savant Linné.

Lobélie brûlante : lobelia urens. Tige anguleuse, feuilles ovales, fleurs bleues, en épi allongé. A. Lieux humides.

Lobélie-Cardinale : lobelia cardinalis. Tige forte, feuilles lancéolées, fleurs d'un rouge brillant. V. Jardins.

Chapeau de cardinal : mimulus cardinalis. Tige petite, feuilles ovales, fleurs écarlates. V. Jardins.

CLASSE XV. — TÉTRADYNAMIE (SIX ÉTAMINES DONT 4 PLUS GRANDES).

Famille crucifère. (Les plantes de cette famille contiennent de l'alcali volatil.)

Caméline cultivée : camelina sativa. Tige droite, feuilles auriculées, fleurs blanchâtres, silicule ovale.

A. Culture. La graine de caméline sert à faire de l'huile à brûler.

Caméline des rochers : camelina saxatilis. Tige fléchie, feuilles spatulées, fleurs blanches. V. Montagnes.

Caméline sauvage : camelina sylvestris. Tige rude, feuilles lancéolées, fleurs jaunes. A. Champs.

Caméline dentée : camelina dentata. Tige simple, feuilles écartées, fleurs jaunâtres. A. Champs.

Caméline amphibie : camelina amphibia. Tige forte, feuilles allongées et embrassantes, fleurs en grappes jaunes. V. Bords de l'eau.

Neslie : neslia. Tige velue, feuilles hastées, fleurs jaunâtres, en panicule allongée. A. Champs.

Calépine : calepina. Tige rameuse, feuilles en rosette dans le bas, fleurs blanches. A. Champs.

Corne de cerf : coronopus. Tiges étalées, feuilles découpées, fleurs blanches, en grappes courtes, silicule hérissée. A. Bords des chemins.

Pastel : isatis. Tige glabre, feuilles auriculées, d'un vert glauque ; fleurs jaunes, en panicules pendantes, silicules nombreuses. B. Champs. On retire du pastel une bonne couleur bleue. Avant la découverte de l'indigo, on s'en servait pour teindre les étoffes ; et sous l'Empire, cette industrie a été reprise utilement.

Pastel villars : isatis villarsii. Tige rude, feuilles amplexicaules et sagittées, fleurs jaunes, moins nombreuses que les précédentes. B. Montagnes.

Drave printanière : draba verna. Tige grêle, feuilles en rosette, fleurs blanches, en grappe droite. A. Sables.

Drave des neiges : draba nivalis. Tige rameuse, feuilles oblongues, fleurs blanches très-petites. V. Montagnes.

Drave des murs : drava muralis. Tige simple, feuillée et velue, fleurs blanches, en grappe terminale. A. Lieux secs.

Drave hérissée : draba hirta. Tige rude, feuilles lancéolées, fleurs blanches. B. Montagnes.

Vésicaire : vesicaria. Tige dure, feuilles spatulées, fleurs jaunes, silicule vésiculeuse. V. Coteaux.

Thlaspi des champs ou Monnayère : thlaspi arvensis. Tige rameuse, feuilles amplexicaules, fleurs blanches, en corymbe, silicule large. A. Champs.

Thlaspi perfolié : thlaspi perfoliatum. Tigedroite, feuilles sagittées, fleurs blanches, silicule ovale. A. Coteaux.

Thlaspi de montagne : thlaspi montanum. Tiges en touffe, feuilles épaisses, fleurs blanches. V. Coteaux.

Thlaspi des Alpes : thlaspi alpinum. Tige simple, feuilles sagittées, fleurs blanches. B. Montagnes.

Capselle-Bourse à pasteur : capsella bursa pastoris. Tige glabre, feuilles un peu velues, les inférieures en rosette; fleurs blanches, en longue grappe, silicule triangulaire, symbole de la raideur. A. Bords des chemins.

Lépidium à larges feuilles ou Passerage : lepidium latifolium. Tige haute et rameuse, feuilles allongées, fleurs blanches, en panicule. V. Lieux humides. La passerage est employée comme antiscorbutique, non contre la rage comme son nom semble l'indiquer.

Lépidium ibéride : lepidium iberis. Tige très-diffuse, feuilles roulées, fleurs blanches. V. Bords des chemins.

Lépidium des décombres : lepidium ruderale. Tige rameuse du haut, feuilles pinnatifides ou entières ; fleurs blanches très-grêles, quelquefois sans pétales. A. Bords des chemins.

Lépidium des campagnes : lepidium campestre. Tige droite, garnie de feuilles sagittées, de couleur pâle ; fleurs blanches, silicule en cuiller. A. Partout.

Lépidium cultivé ou Cresson alénois : lepidium sativum. Tige glabre, feuilles simples dans le haut, découpées dans le bas; fleurs blanches, en grappes. A. Culture. Cette espèce est alimentaire et antiscorbutique.

Lépidium drave : lepidium draba. Tige rameuse du haut, feuilles sagittées, fleurs blanches, silicule en cœur. V. Champs.

Lépidium des Alpes : lepidium alpinum. Tige droite, feuilles pinnatifides, fleurs blanchâtres. V. Montagnes.

Myagre : myagrum. Tige rameuse, feuilles sagittées, fleurs jaunes, en grappes. A. Champs.

Cochléaria officinal : cochlearia officinalis. Tiges couchées, feuilles arrondies et épaisses, fleurs blanches, silicule globuleuse. B. Jardins. Cette plante est souvent employée comme antiscorbutique et dépurative.

Cochléaria de Bretagne ou Raifort : cochlearia armoracia. Tige haute, feuilles très-grandes dans le bas, fleurs blanches. V. Culture. La racine de raifort est notre meilleur antiscorbutique, et on la mange râpée, en guise de moutarde.

Ibéride amère : iberis amara. Tige étalée, feuilles lancéolées, fleurs blanches ou rougeâtres, disposées en ombelles élégantes. A. Partout.

Ibéride intermédiaire : iberis intermedia. Tige à rameaux écartés, feuilles lancéolées, fleurs blanches et pourprées, réunies en ombelles. B. Montagnes.

Ibéride pinnée : iberis pinnata. Tige rameuse, feuilles bipinnées, fleurs blanches, en corymbe. A.

Ibéride des rochers : iberis saxatilis. Tige ligneuse très-branchue, feuilles épaisses, fleurs assez grandes, variées de blanc, de pourpre et de vert. V. Montagnes.

Ibéride ombellée : iberis umbellata. Tige rameuse, feuilles lancéolées, fleurs lilas, silicule aiguë. A. Jardins. Cette plante est appelée thlaspi, par les fleuristes.

Ibéride toujours en fleurs ou Thlaspi de Perse : iberis semperflorens. Tige ligneuse, feuilles spatulées, éparses et persistantes, fleurs blanches assez grandes, symbole de l'indifférence. V. Jardins.

Ibéride toujours verte ou Thlaspi blanc : iberis sempervirens. Tige rameuse, feuilles épaisses, fleurs blanches se succédant toute l'année dans les appartements. V. Jardins.

Alysson champêtre : alyssum campestre. Tige poilue, feuilles lancéolées, fleurs d'un jaune pâle. A. Bords des chemins.

Alysson calicinal : alyssum calycinum. Tige étalée, feuilles obtuses et très-cotonneuses, fleurs jaunâtres. A. Sables.

Alysson épineux : alyssum spinosum. Tige ligneuse, feuilles lancéolées et couvertes de duvet, fleurs blanches. V. Coteaux.

Alysson des montagnes : alyssum montanum. Tiges gazonneuses, feuilles obovales, fleurs jaunâtres très-grandes. V. Coteaux.

Alysson des rochers ou Corbeille d'or : alyssum saxatile. Plante blanche, à tiges étalées, feuilles lancéolées, fleurs d'un beau jaune, symbole de la tranquillité. V. Jardins.

Radis sauvage ou Ravenelle : raphanus raphanistrum. Tige hérissée de poils, feuilles lyrées, fleurs jaunes ou blanches et veinées de violet, silique glabre, terminée par une pointe allongée. A. Champs.

Radis cultivé : raphanus sativus. Tige rameuse, feuilles pinnatifides, fleurs violettes. La petite rave longue et le gros radis d'automne sont des variétés de cette plante. A. Culture. Le radis est un manger agréable et antiscorbutique, mais d'une digestion laborieuse.

Radis noir : raphanus niger. Celui-ci, au contraire, sert de stimulant aux estomacs paresseux.

Moutarde sauvage ou Sénevé et Cendrée : sinapis arvensis. Tige hispide, feuilles lyrées dans le bas et ovales dans le haut, fleurs jaunes, silique velue, terminée par un bec élargi. A. Cette plante n'est que trop répandue dans les champs, où elle forme de véritables tapis jaunes.

Moutarde noire : sinapis nigra. Tige haute et rude, feuilles inférieures lobées, les autres lancéolées ; fleurs jaunes, silique gonflée, finissant en bec. A. Champs. La graine de cette espèce sert à préparer la moutarde de table et les sinapismes rubéfiants.

Moutarde blanche : sinapis alba. Tige rude, feuilles lyrées, fleurs jaunes, silique grosse et pointue. A. Champs. La graine de moutarde blanche est employée en médecine, et on en fait de l'huile.

Moutarde blanchâtre : sinapis incana. Tige hérissée, feuilles pâles, fleurs jaunes assez petites. B. Coteaux.

Lunaire : lunaria. Tige haute, feuilles poilues, fleurs jaunâtres, symbole de l'oubli. V. Coteaux.

Lunaire bisannuelle : lunaria biennis. Tige dure, feuilles grandes, fleurs assez belles, de couleur lilas, souvent odorantes. V. Montagnes.

Chou champêtre : brassica campestris. Tige glauque, feuilles grandes, les inférieures lyrées, les autres cordiformes ; fleurs jaunes. B. Champs.

Chou giroflée : brassica cheiranthos. Tige rude, feuilles lobées, fleurs jaunes. B. Bords des chemins.

Chou cultivé : brassica oleracea. Cette plante bien connue est le symbole du profit. Elle a fourni plus de cent variétés, toutes alimentaires et antiscorbutiques. La meilleure de ces variétés, selon les médecins, est le chou rouge. Ensuite le chou cavalier ou en arbre, le chou de Bruxelles ou à jets, le chou col-rave, et le chou de Milan.

Chou-fleur : brassica botrytis. Cette espèce est plus facile à digérer que le chou ordinaire. Le broccoli en est une variété.

Navet : brassica napus. Tige forte, feuilles lyrées ou entières, fleurs jaunâtres. A. Culture. Le navet est alimentaire, pectoral et diurétique.

Rave : brassica rapa. Ses variétés sont : la rabiole, la rave plate et la grosse rave. A. On cultive ces plantes comme potagères, et pour servir de nourriture aux bestiaux.

Navette : brassica oleifera. On cultive en grand celle d'hiver et celle d'été pour faire de l'huile à brûler, et pour préparer le savon vert. A.

Colza : brassica campestris oleifera. L'huile de colza, mêlée à celle d'olive et à la soude, produit le meilleur savon, blanc ou marbré. Ce dernier est préféré dans le commerce. Il est formé de 64 parties d'huile, 30 d'eau et 6 de soude. Le savon blanc renferme plus d'eau et moins de soude; on s'en sert pour blanchir les tissus colorés et délicats.

Julienne inodore : hesperis inodora. Tige hispide, feuilles ovales, fleurs d'un blanc violet. V. Haies.

Julienne des dames : hesperis matronalis. Tige haute et rameuse, feuilles lancéolées et pointues, fleurs blanches ou violettes, souvent doubles. V. Jardins.

Giroflée des murailles : cheiranthus cheiri. Tiges dures, feuilles ovales et pointues, fleurs jaunes, symbole de la fidélité au malheur. V. Vieux murs. On cultive dans les jardins plusieurs variétés de cette plante, entre autres celle à fleurs doubles, que l'on nomme bâton d'or ou violier; et celle à grandes fleurs brunes.

Giroflée de Mahon : cheiranthus maritimus. Tige délicate, feuilles lancéolées, fleurs lilas ou variées, symbole de la promptitude. A. Jardins.

Giroflée blanchâtre ou Mathiole : cheiranthus incanus. Tige rameuse, feuilles allongées, fleurs de toutes les couleurs et presque toujours doubles. V. Jardins. La variété dite cocardeau, est plus élevée, point rameuse, et offre des fleurs plus grandes. Ces superbes plantes sont le symbole de la beauté durable.

Giroflée annuelle ou Quarantaine : cheirunthus annuus. Tige rameuse, feuilles obtuses, fleurs simples ou doubles, variant dans toutes les nuances.

A. Jardins. Les millionnaires sont des plantes plus fortes, et leurs fleurs sont plus nombreuses.

Giroflée grecque : cheiranthus græcus. Tige droite, feuilles non-cotonneuses, fleurs de toutes les couleurs. A. Jardins. Cette espèce est quelquefois vivace.

Erysimum oriental : erysimum orientale. Tige striée, feuilles obtuses, fleurs jaunes. A. Montagnes.

Erysimum raide : erysimum strictum. Tige poilue, feuilles blanchâtres, fleurs jaunes. B. Coteaux.

Erysimum helvétique: erysimum helveticum. Tige anguleuse, feuilles linéaires, fleurs couleur de soufre. V. Montagnes.

Erysimum à feuilles de giroflée : erysimum cheirantoïdes. Tige haute, feuilles rudes, fleurs jaunes, en grappes. A. Champs.

Erysimum lancéolé : erysimum lanceolatum. Tige rameuse, feuilles allongées, fleurs jaunes. B. Montagnes.

Erysimum perfolié : erysimum perfoliatum. Tige glabre, feuilles épaisses et amplexicaules, fleurs blanchâtres. A. Coteaux.

Erysimum-Herbe de Ste-Barbe : erysimum barbarea. Tige anguleuse, feuilles lyrées dans le bas et ovales dans le haut, fleurs jaunes, très-nombreuses au bout des rameaux. V. Bords de l'eau. Cette plante est alimentaire, antiscorbutique, et bonne sur les contusions. On en cultive une jolie variété à fleurs doubles, qu'on appelle julienne jaune.

Erysimum diffus : erysimum diffusum. Tige anguleuse et branchue, feuilles dentées, fleurs jaunâtres. B. Coteaux.

Alliaire : alliara. Tige haute, feuilles cordiformes, fleurs blanches, en grappes terminales. V. Haies. L'alliaire est employée comme vermifuge, antiscorbutique et antiseptique.

Sisymbre officinal ou Vélar et Herbe aux chantres. sysimbrium officinale. Tige à rameaux écartés, feuilles lyrées et roncinées, segments dentés ; fleurs jaunes très-petites, en épis grêles ; siliques courtes et serrées contre l'axe. A. Bords des chemins. L'herbe aux chantres est antiscorbutique et incisive. On en fait un bon sirop pour l'enrouement.

Sisymbre couché : sisymbrium supinum. Tiges étalées sur la terre, feuilles pinnatifides, fleurs jaunâtres, siliques longues. A. Lieux secs.

Sisymbre sagesse ou Thalictron et Sagesse des chirurgiens: sisymbrium sophia. Tige rameuse, feuilles à découpures fines, fleurs jaunes peu visibles. A. Lieux secs. On se sert de cette plante comme antiscorbutique, et surtout pour enflammer la peau.

Sisymbre à feuilles menues ou Roquette : sisymbrium tenuifolium. Tige dure, feuilles pinnatifides, fleurs d'un jaune pâle. A. Vieux murs.

Sisymbre-Cresson de fontaine : sisymbrium nasturtium. Tiges couchées, rampantes ou nageantes, puis redressées ; feuilles ailées, folioles arrondies, celles du haut plus grandes ; fleurs blanches, en corymbe. V. Eaux. On fait un grand usage de ce cresson, qui est à la fois alimentaire, antiscorbutique et dépuratif.

Sisymbre sauvage : sisymbrium sylvestre. Tige étalée, feuilles pinnatifides, fleurs d'un jaune vif. V. Lieux humides.

Sisymbre des marais : sisymbrium palustre. Il diffère du précédent par une tige plus petite et par des fleurs d'un jaune pâle. V. Lieux humides.

Sisymbre rude : sisymbrium strictissimum. Tige très-élevée, feuilles allongées, fleurs dorées. V. Montagnes.

Sisymbre pinnatifide : sisymbrium pinnatifidum. Tige droite, feuilles divisées, fleurs blanches. V. Prés.

Sisymbre des vignes : sisymbrium vimineum. Petite plante à feuilles en rosette et fleurs jaunes. A. Partout.

Sisymbre amphibie : sisymbrium amphibium.

Tiges droites, rameuses au sommet ; feuilles allongées et un peu embrassantes, fleurs jaunes. V. Lieux humides.

Arabette-Chou-bâtard : arabis turita. Tige velue, feuilles spatulées et auriculées, fleurs jaunes. V. Haies.

Arabette sagittée : arabis sagittata. Tige rude, garnie de feuilles auriculées et de fleurs blanchâtres. B. Prés. On cultive dans les jardins une belle variété de cette plante, à feuilles larges, et fleurs blanches s'épanouissant dès le mois de février.

Arabette des Alpes : arabis alpina. Tige rameuse, feuilles cordiformes, fleurs d'un blanc de lait. V. Montagnes.

Arabette de thalius : arabis thaliana. Tige presque nue, feuilles en rosette, fleurs blanches très-petites. A. Sables.

Arabette des rochers : arabis saxatilis. Tige poilue, feuilles obtuses, fleurs blanches. B. Coteaux.

Tourette : turitis. Tige droite, feuilles en rosette dans le bas et sagittées en haut, fleurs blanchâtres. A. Lieux secs.

Cardamine des prés ou Cresson élégant : cardamine pratensis. Tige simple, feuilles de 5 à 9 folioles allongées, fleurs grandes, de couleur lilas. V. Lieux humides. Cette cardamine est antiscorbutique, et on pourrait la manger comme le vrai cresson.

Cardamine trifoliée : cardamine trifoliata. Tige couchée à la base, feuilles peu nombreuses, fleurs blanches. V. Prés.

Cardamine amère : cardamine amara. Tige à rejets rampants, feuilles de 5 à 9 folioles d'un vert clair, fleurs blanches ou un peu violettes. V. Bords de l'eau.

Cardamine impatiente: cardamine impatiens. Tige anguleuse, feuilles de 11 à 15 folioles, fleurs petites, d'un blanc jaunâtre ; siliques élastiques s'ouvrant quand on les touche. A. Bois.

Cardamine hérissée : cardamine hirsuta. Tige velue, feuilles à folioles anguleuses, fleurs blanches. A. Lieux humides.

Dentaire : dentaria. Tige glabre, feuilles ailées, portant des bulbes au bas du pétiole commun, folioles au nombre de 5 à 7 ; fleurs assez grandes, de couleur blanchâtre. V. Bois.

Lunetière : biscutella. Tige rameuse, feuilles rudes, fleurs jaunes, silique imitant une paire de lunettes. V. Montagnes.

Diplotaxis : diplotaxis. Tige un peu ligneuse, feuilles pinnatifides, fleurs d'un jaune pâle, siliques droites et comprimées. V. Vieux murs.

Diplotaxis à feuilles menues: diplotaxis tenuifolia. Tige haute et rameuse, feuilles très-découpées, un peu charnues; fleurs jaunes, assez grandes et odorantes. V. Montagnes.

Eruca cultivé : eruca sativa. Tige rameuse, feuilles pinnatifides, fleurs grandes, d'un blanc mêlé de violet. A. Jardins.

Pétrocalle : petrocallis. Tiges en gazon, feuilles trifides, fleurs grandes, d'un beau violet. V. Montagnes.

CLASSE XVI. — MONADELPHIE (ÉTAMINES RÉUNIES EN UN SEUL FAISCEAU).

Famille géraniée.

Géranium-Herbe à Robert : geranium robertianum. Tige rouge, feuilles de 3 à 5 folioles pinnatifides, fleurs pourpres ou blanches, à 5 pétales. A. Haies. Cette plante est employée en gargarisme dans les angines muqueuses.

Géranium livide : geranium lividum. Tige droite, feuilles laineuses, fleurs rougeâtres, à pétales laciniés. V. Bois.

Géranium à feuilles rondes : geranium rotundifolium. Tige rouge aux articulations, feuilles lobées, fleurs purpurines. A. Lieux secs.

Géranium noueux : geranium nodosum. Tige carrée, feuilles luisantes, fleurs rouges. V. Montagnes.

Géranium mou : geranium molle. Tige petite, feuilles à 7 lobes, fleurs rougeâtres. A. Lieux secs.

Géranium des bois : geranium sylvaticum. Tige dichotome, feuilles palmées, fleurs violettes. V. Coteaux.

Géranium disséqué : geranium dissectum. Tige étalée, feuilles à 5 angles, fleurs purpurines. A. Lieux secs.

Géranium à feuilles d'aconit : geranium aconitifolium. Tige anguleuse, feuilles digitées, fleurs blanches. V. Bois.

Géranium-Pied de pigeon: geranium columbinum. Tige couchée, feuilles à 5 lobes écartés, fleurs purpurines ou blanches, longuement pédonculées. A. Bois.

Géranium des Pyrénées : geranium pyrenaïcum. Tige fourchue, feuilles lobées, fleurs purpurines très-grandes. V. Coteaux.

Géranium sanguin : geranium sanguineum. Tige rougeâtre, feuilles de 5 à 7 lobes, fleurs rouges. V. Bois.

Géranium divariqué : geranium divaricatum. Tige très-rameuse, feuilles velues, fleurs d'un rouge pâle. V. Coteaux.

Géranium des prés : geranium pratense. Tige forte, feuilles grandes, fleurs bleues. V. Lieux humides. Les espèces ci-dessus sont connues sous le nom de bec de grue. Les suivantes sont des plantes d'agrément.

Géranium écarlate : geranium inquinans. Tige ligneuse, feuilles cordiformes, fleurs d'un rouge éclatant, disposées en ombelles, symbole de la sottise. V. Jardins. On cultive beaucoup de variétés de cette espèce. Les plus remarquables sont : le géranium zonal, à feuilles marbrées, et fleurs de différentes couleurs ; le géranium en arbrisseau, à feuilles molles ou dures, et fleurs bien nuancées.

Pélargonium très-odorant ou Géranium à odeur de rose : pelargonium odoratissimum. Tige herbacée, feuilles cordiformes, fleurs roses, symbole de la préférence. V. Jardins. Les feuilles de cette belle plante répandent une odeur agréable quand on les froisse entre les doigts.

Pélargonium tubéreux ou Géranium triste : pelargonium tuberosum. Plante à racine tuberculeuse, feuilles radicales velues et découpées, fleurs d'un violet brun mêlé de jaune pâle, très-odorantes peudant la nuit, symbole de l'esprit mélancolique. V. Jardins. Les deux espèces précédentes ont déjà fourni plus de 300 variétés, confondues à tort par les fleuristes avec le véritable géranium des jardins.

Erodium à feuilles de cigue: erodium cicutarium. Tige irrégulière et articulée, feuilles à folioles pinnatifides, fleurs rougeâtres, en ombelles, capsules très-longues. B. Cette plante varie considérablement dans la forme et la disposition de ses tiges, sans que pour cela il y ait plusieurs espèces du genre. Elle fleurit toute l'année au pied des murs et au bord des chemins. On en voit une petite variété sans tige, avec des feuilles aussi rouges que les fleurs. V. Lieux secs.

Famille malvacée.

Mauve à feuilles rondes ou Petite mauve : malva rotundifolia. Tiges couchées, feuilles arrondies, fleurs rougeâtres, à 5 pétales, symbole de la douceur. B. Bords des chemins.

Mauve des champs ou Grande mauve : malva sylvestris. Tige haute, feuilles de 5 à 7 lobes, fleurs purpurines. B. Lieux secs. Les tiges, les feuilles et les fleurs des deux espèces précédentes sont pectorales et émollientes.

Mauve-Alcée : malva alcea. Tige forte et velue, feuilles cordiformes et palmées, fleurs roses ou purpurines. V. Lieux secs.

Mauve musquée : malva moschata. Tige dressée, feuilles découpées, fleurs purpurines. V. Coteaux.

Mauve frisée : malva crispa. Tige haute, feuilles crépues, fleurs blanches. A. Jardins.

Mauve en arbre : malva arborea. Tige forte et ligneuse, feuilles vastes et anguleuses, fleurs jaunâtres assez petites. V. Jardins.

Guimauve hérissée : althæa hirsuta. Tige très-velue, feuilles lobées, fleurs d'un rouge pâle. V. Coteaux.

Guimauve officinale : althæa officinalis. Tiges élevées, feuilles cotonneuses, fleurs blanches ou purpurines, symbole de la bienfaisance. V. Jardins. Toutes les parties de la guimauve officinale sont pectorales, émollientes et adoucissantes.

Guimauve-Passe-rose ou Rose-trémière et Rose-papale : althæa rosea. Tiges très-élevées, feuilles vastes; fleurs magnifiques, doublant et variant dans toutes les couleurs, symbole de la fécondité. B. Jardins.

Lavatère : lavatera. Tige très-branchue, feuilles en cœur arrondi, fleurs roses ou blanches. A. Jardins.

Hibiscus de Syrie ou Ketmie et Guimauve en arbre: hibiscus syriacus. Arbrisseau à feuilles trilobées, fleurs blanches ou roses, souvent panachées et doubles, symbole de la persuasion. Jardins.

Hibiscus des marais : hibiscus palustris. Tige herbacée, feuilles élargies, fleurs roses. V. Jardins.

Hibiscus vésiculeux : hibiscus trionum. Tige velue, feuilles divisées en trois, fleurs d'un jaune pâle, avec le centre pourpre et un calice très-renflé. A. Jardins.

Abutilon : sida napea. Tige forte, feuilles lobées, fleurs blanchâtres très-petites. V. Jardins. On cultive plusieurs variétés de cette plante : les unes à feuilles molles et fleurs jaunâtres ; les autres à tiges nombreuses, feuilles cotonneuses et fleurs assez grandes.

CLASSE XVII. — DIADELPHIE (ÉTAMINES RÉUNIES EN DEUX FAISCEAUX).

Famille fumariée.

Fumeterre officinale : fumaria officinalis. Tige tendre, feuilles à folioles obtuses, fleurs purpurines, en grappes droites, corolle à 4 pétales irréguliers et un éperon, symbole du fiel. A. Vignes. Cette plante amère est employée contre les dartres et la gale. C'est aussi un bon stomachique.

Fumeterre à petites fleurs : fumaria parviflora. Tige étalée, feuilles capillaires, fleurs blanchâtres, marquées de noir au sommet. A. Champs.

Corydalis tubéreuse : corydalis tuberosa. Tige simple, portant vers le milieu deux feuilles à folioles cunéiformes et incisées ; fleurs rouges ou blanches, en épi. V. Haies.

Corydalis digitée : corydalis digitata. Tige faible, feuilles à folioles oblongues, fleurs purpurines ou blanches, en épi. V. Haies.

Corydalis jaune : corydalis lutea. Tige diffuse, feuilles bipinnées, fleurs jaunâtres. V. Montagnes.

Corydalis élégante : corydalis elegans. Tige rameuse, feuilles trifoliées, fleurs rouges et blanches. V. Jardins.

Famille polygalée.

Polygala vulgaire ou Herbe au lait : polygala vulgaris. Tige grêle, feuilles ovales, fleurs bleues, rouges ou blanches, ayant l'aspect d'une mouche au vol, symbole de l'ermitage. V. Coteaux.

Polygala amer : polygala amara. Tige rameuse, feuilles arrondies, fleurs bleues. V. Bois. Cette espèce est purgative, tonique et incisive. On l'emploie souvent dans les rhumes invétérés.

Polygala des Alpes: polygala alpina. Tiges presque ligneuses, feuilles elliptiques, fleurs bleues. V. Montagnes.

Famille légumineuse. (Fleurs papillonacées, formées de 4 pétales, savoir : un supérieur appelé étendard, 2 latéraux ou ailes, et un inférieur ou nacelle.)

Févier : gleditschia. Arbre à feuilles ailées, folioles nombreuses, fleurs blanches ou jaunes. Jardins.

Févier à trois pointes : gleditschia triacantha. Le tronc et les branches de ce févier sont garnis de fortes épines réunies par trois. Jardins.

Févier féroce : gleditschia ferox. Cet arbre est couvert d'épines aussi grandes et aussi redoutables que des poignards ; le tronc surtout en est littéralement palissadé de manière à le rendre inabordable aux animaux sauvages des pays chauds. C'est dans ses branches que les oiseaux se réfugient pendant la nuit. On trouve le févier dans quelques jardins.

Sophora pendant : sophora pendula. Arbre à rameaux rabattus jusqu'à ses racines. On en cultive plusieurs variétés en arbrisseau, à feuilles persistantes. Jardins.

Ulex d'Europe ou Ajonc : ulex europæus. Arbrisseau toujours vert, à rameaux très-épineux, feuilles presque nulles, fleurs jaunes, symbole de la misanthropie. Coteaux.

Ulex nain : ulex nanus. Arbrisseau étalé, à feuilles d'un vert clair, et fleurs jaunes plus petites que les précédentes. Bois.

Genêt d'Allemagne : genista germanica. Arbrisseau très-rameux, à feuilles lancéolées, fleurs jaunes peu nombreuses. Montagnes.

Genêt radical : genista radicata. Arbrisseau à branches verticillées, feuilles trifoliées, fleurs jaunes très-grandes. Montagnes.

Genêt des teinturiers : genista tinctoria. Sous-arbrisseau à feuilles lancéolées, fleurs jaunes, en épis. V. Montagnes. Ce genêt fournit une belle couleur jaune, et il est réputé purgatif et émétique.

Genêt d'Angleterre: genista anglica. Tige épineuse, feuilles petites, fleurs solitaires, de couleur jaune. V. Coteaux.

Genêt poilu : genista pilosa. Tige ligneuse comme la précédente, mais sans épines ; feuilles ovales, fleurs jaunes, gousses velues. V. Coteaux.

Genêt sagitté : genista sagittalis. Tige étalée, rameaux à deux tranchants, feuilles ovales, fleurs jaunes, en épis. V. Lieux secs.

Genêt à balais : genista scoparia. Arbrisseau à tiges vertes, feuilles trifoliées, fleurs jaunes. Bois. Les feuilles de ce genêt sont purgatives, ses fleurs sont émétiques, et ses cendres diurétiques.

Genêt d'Espagne : genista juncea. Arbrisseau à tiges droites, feuilles simples, fleurs jaunes, symbole de la propreté. Jardins.

Cytise-Faux ébénier : cytisus laburnum. Arbre à écorce lisse, feuilles à 3 folioles ovales, fleurs jaunes, en grappes pendantes, symbole de la noirceur. Bois et jardins.

Cytise noirâtre : cytisus nigricans. Arbrisseau à branches déliées, feuilles arrondies, fleurs jaunes assez petites. Montagnes.

Cytise couché : cytisus supinus. Sous-arbrisseau à tiges couchées, feuilles à 3 folioles cunéiformes, fleurs jaunes, en têtes. V. Coteaux.

Cytise des Alpes : cytisus alpinus. Arbrisseau à feuilles trifoliées, folioles larges, fleurs jaunes. Jardins.

Cytise à tête : cytisus capitatus. Arbrisseau cotonneux, à feuilles ovales, fleurs jaunâtres, réunies en bouquets. Montagnes.

Caroubier : ceratonia. Arbre toujours vert, à

feuilles de 8 à 10 folioles, fleurs rouges, en grappes, gousses longues, bonnes à manger. Jardins.

Gaînier siliqueux ou Arbre de Judée : cercis siliquastrum. Arbre à feuilles arrondies, fleurs rouges paraissant avant les feuilles, gousses larges et longues. Jardins.

Elyctrine-Crête de coq : elyctrina crista galli. Arbrisseau à folioles larges et luisantes, fleurs pourpres, grandes et charnues. Serres chaudes.

Bugrane épineuse : ononis spinosa. Tige garnie de longues pointes, feuilles trifoliées dans le bas et simples dans le haut, fleurs roses, symbole de l'obstacle. V. Partout. La racine de cette espèce est diurétique et apéritive ; les épines de la tige blessent souvent les moissonneurs.

Bugrane des montagnes : ononis natrix. Tige visqueuse, feuilles trifoliées, fleurs jaunes, en grappes feuillées. V. Coteaux.

Bugrane élevée : ononis altissima. Tige velue, feuilles trifoliées, fleurs purpurines. V. Lieux secs.

Bugrane puante : ononis hirsina. Tige pyramidale, feuilles ovales, fleurs purpurines. V. Bois.

Bugrane à feuilles rondes : ononis rotundifolia. Tige rameuse, feuilles arrondies, fleurs rouges très-grandes. V. Montagnes.

Trigonelle : trigonella. Tige étalée, folioles cunéiformes, fleurs jaunes, en têtes axillaires, gousses arquées et disposées en étoile. A. Lieux secs.

Trigonelle-Fenu grec : trigonella fœnum græcum. Tige fistuleuse, feuilles à 3 folioles cunéiformes, fleurs jaunâtres, gousses courbées. A. Jardins. Cette plante est médicinale et fourragère. On la cultive principalement pour sa graine.

Anthyllis des montagnes : anthyllis montana. Sous-arbrisseau à feuilles de 5 à 11 folioles et fleurs purpurines. V. Jardins.

Anthyllis-Vulnéraire : anthyllis vulneraria. Tige couchée, feuilles de 7 à 9 folioles, fleurs jaunes, en têtes soyeuses. V. Coteaux. On applique cette plante pilée sur les contusions.

Luzerne cultivée : medicago sativa. Tige forte, feuilles à 3 folioles, fleurs violettes ou jaunes, symbole de la vie. V. Champs.

Luzerne minime : medicago minima. Tige couchée, folioles cunéiformes, fleurs jaunes. A. Lieux secs.

Luzerne rigide : medicago rigidula. Tige raide, folioles obtuses, fleurs jaunes, par 2 ou 3. A. Sables.

Luzerne tachée : medicago maculata. Tige étalée, folioles marquées de noir, fleurs jaunes. A. Champs.

Luzerne en faux : medicago falcata. Tiges couchées, folioles cunéiformes, fleurs d'un jaune mêlé de violet. V. Bords des chemins.

Mélilot officinal : melilotus officinalis. Tige rameuse, feuilles à 3 folioles, fleurs jaunes, pendantes le long des épis. B. Champs. La fleur de cette plante est très-bonne en fomentation résolutive.

Mélilot élevé : melilotus altissima, Tige forte, folioles longues, fleurs jaunes. V. Bois.

Mélilot diffus : melilotus diffusa. Tige branchue, folioles obovales, fleurs jaunes. V. Montagnes.

Mélilot blanc : melilotus leucantha. Tige haute, folioles larges, fleurs blanches. V. Champs.

Mélilot bleu ou Baume du Pérou : melilotus cœrulea. Tige élevée, feuilles à 2 folioles, fleurs blanches, symbole de la guérison. A. Jardins.

Trèfle des champs ou Pied de lièvre : trifolium arvense. Tige couchée, feuilles à 3 folioles, fleurs en épis ronds et soyeux. A. Sables.

Trèfle rampant ou Triolet : trifolium repens. Tiges couchées et à rejets enracinés, folioles ovales, fleurs en têtes blanches ou rougeâtres. V. Prés.

Trèfle des prés : trifolium pratense. Tige fistuleuse, folioles tachées, fleurs roses ou rouges, en têtes foliacées. On en trouve une variété à fleurs blanches. L'un et l'autre sont cultivés. V.

Trèfle élégant : trifolium elegans. Tige couchée,

folioles marbrées, fleurs roses, en têtes serrées. V. Bois.

Trèfle rouge : trifolium rubens. Tige haute, folioles lancéolées, fleurs pourpres, en épis allongés. A. Bois.

Trèfle doré : trifolium aureum. Tige simple, folioles ovales, fleurs d'un beau jaune, en têtes. A. Bois.

Trèfle fraise : trifolium fragiferum. Tige couchée, folioles ovales, fleurs roses, en petites têtes imitant des fraises. V. Bords des chemins.

Lotier siliqueux : lotus siliquosus. Tige rameuse, feuilles à 3 folioles oblongues, fleurs solitaires, d'un jaune pâle, gousses carrées. V. Prés.

Lotier corniculé : lotus corniculatus. Tige faible, folioles ovales, fleurs jaunes, en têtes, gousses écartées. V. Prés.

Lotier élevé : lotus altissimus. Tige forte, folioles larges, fleurs jaunes, en têtes. V. Lieux humides. Les jolies fleurs jaunes des trois espèces de lotier brillent tout l'été parmi les herbes gazonneuses.

Lotier de St-Jacques : lotus jacobæus. Tige rameuse, folioles lancéolées, fleurs noires. V. Jardins.

Astragale de Montpellier : astragalus monspessulanus. Tiges à peine visibles, feuilles radicales, fleurs pourpres et rayées de blanc. V. Coteaux.

Astragale à feuilles de réglisse ou Réglisse sauvage : astragalus glycyphyllos. Tige longue et couchée, feuilles de 11 à 13 folioles, fleurs jaunâtres, en épi, ayant pour devise : Votre présence adoucit mes peines. V. Bois.

Réglisse officinale : glycyrhiza glabra. Tige ferme, feuille de 13 à 15 folioles, fleurs rougeâtres, en épis grêles. V. Jardins. La racine de réglisse est d'un usage général comme expectorante.

Galéga officinal ou Rue de chèvre : galega officinalis. Tiges élevées, feuilles de 13 à 19 folioles, fleurs bleues ou blanches, en épis, symbole de la raison. V. Bois. Cette plante est sudorifique et antipestilentielle.

Acacia véritable : acacia eburnea. Arbre couvert d'épines blanches, feuilles de 7 à 15 folioles allongées, fleurs en grappes jaunes ou blanches. Serres chaudes.

Robinier - Faux acacia : robinia pseudo-acacia. Arbre épineux, à feuilles de 15 à 21 folioles, fleurs blanches, en grappes pendantes, symbole de l'amour platonique. Jardins.

Robinier sans épines ou Parasol : robinia inermis. Arbre à rameaux rabattus, feuilles pendantes, formant une belle tête arrondie ; fleurs rares ne s'épanouissant que fort peu dans nos climats. Jardins.

Robinier visqueux : robinia viscosa. Arbre à rameaux gluants, folioles allongées, fleurs d'un rose pâle, en grappes pendantes, symbole de la langueur. Jardins.

Robinier velu ou Acacia rose : robinia hispida. Arbrisseau couvert de poils rougeâtres, feuilles de 11 à 15 folioles, fleurs roses, en grappes, symbole de l'élégance. Jardins.

Baguenaudier-Faux séné : colutea arborescens. Arbre à feuilles de 9 à 11 folioles, fleurs jaunes, en grappes axillaires, gousses vésiculeuses s'ouvrant bruyamment quand on les presse. Jardins. Les feuilles de baguenaudier sont purgatives, et on les achète souvent pour le vrai séné.

Baguenaudier en arbrisseau : colutea fruticans. Feuilles et gousses comme les précédentes, mais fleurs variées, symbole des amusements frivoles. Jardins.

Sensitive : mimosa pudica. Tiges aiguillonnées, feuilles finement découpées, fleurs rouges, disposées en houppes, symbole de la pudeur. V. Serres chaudes. La sensitive frissonne quand on la touche, et le mouvement convulsif se communique à tout un champ.

Coronille bigarrée : coronilla varia. Tige rameuse, feuille de 12 à 16 folioles, fleurs blanches et roses, disposées en ombelles. V. Prés. Le suc de cette plante est vomitif et même vénéneux.

Coronille petite : coronilla minima. Tige couchée, feuilles de 3 à 9 folioles, fleurs jaunes, en ombelles. V. Bords des chemins.

Coronille glauque : coronilla glauca. Sous-arbrisseau à feuilles de 3 à 7 folioles, fleurs jaunes. V. Jardins.

Coronille-Sabot d'or : coronilla emerus. Arbrisseau à branches verdâtres, feuilles de 7 à 9 folioles, fleurs jaunes et marquées de rouge. Jardins.

Coronille des montagnes : coronilla montana. Tiges élevées, feuilles ovales, fleurs jaunes. V. Jardins.

Casse : cassia. Arbrisseau à feuillles de 3 à 9 folioles, fleurs jaunes, en épis, gousses remplies de moelle médicinale. Serres chaudes.

Ornithopus ou Pied d'oiseau : ornithopus perpusillus. Tige délicate, feuilles de 15 à 30 folioles, fleurs rougeâtres, gousses courbées. A. Sables.

Hippocrépis ou Fer à cheval : hippocrepis comosa. Tiges couchées, feuilles de 7 à 11 folioles, fleurs jaunes, en ombelles, gousses arquées. V. Lieux secs.

Sainfoin cultivé : onobrychis sativa. Tige forte, feuilles de 11 à 19 folioles, fleurs rouges ou variées, disposées en épis. V. Champs.

Sainfoin d'Espagne : onobrychis coronarium. Tige rameuse, feuilles de 5 à 11 folioles arrondies, fleurs d'un beau rouge, en épis ovales. B. Jardins.

Sainfoin oscillant : onobrychis gyrans. Tige simple, feuilles à 3 folioles, fleurs bleuâtres, mélangées de rouge et de jaune, disposées en épis, symbole de l'agitation. B. Jardins. Les deux folioles latérales sont toujours en mouvement, et un rameau séparé de la plante, remue, surtout dans l'eau, comme un animal vivant.

Vesce cultivée : vicia sativa. Tige rameuse, feuilles de 10 à 18 folioles, stipules sagittées, fleurs pourpres, jaunâtres ou blanches. A. Champs.

Vesce des moissons : vicia segetalis. Tige anguleuse, folioles ovales, fleurs rougeâtres. A. Partout.

Vesce jaune : vicia lutea. Tige faible, feuilles de 8 à 10 folioles, fleurs jaunes. A. Bois.

Vesce délicate : vicia gracilis. Tige grêle, feuilles de 6 à 8 folioles, fleurs purpurines. A. Lieux secs.

Vesce-ers : vicia ervila. Tige dressée, feuilles de 20 à 26 folioles, fleurs blanches et rayées de violet. A. Culture.

Vesce-Lentille à la reine : vicia monantha. Tige simple, feuilles de 10 à 14 folioles étroites, fleurs jaunâtres et marquées de noir. A. Culture.

Vesce craque : vicia cracca. Tige grimpante, feuilles de 14 à 16 folioles ovales, fleurs bleuâtres, réunies en gros bouquets sur un pédoncule commun. V. Champs.

Vesce des haies : vicia sepium. Tige grimpante, feuilles de 8 à 10 folioles allongées, fleurs rougeâtres peu nombreuses. V. Haies.

Lentille velue : ervum hirsutum. Tige haute et anguleuse, feuilles de 12 à 18 folioles, fleurs blanches. A. Champs.

Lentille à 4 graines : ervum tetraspermum. Tige grêle, feuilles de 6 à 8 folioles, fleurs purpurines. A. Champs.

Lentille : ervum lens. Tige rameuse, feuilles de 8 à 12 folioles, fleurs blanches. A. Culture. La décoction de graine de lentille est sudorifique.

Fève : faba. Tige carrée, feuilles à 4 folioles épaisses, fleurs d'un blanc mêlé de noir. A. Culture. Les fèves de marais, et même la variété appelée féverole, sont alimentaires ; leur farine passe pour très-résolutive. On cultive dans quelques jardins des fèves à fleurs rouges.

Pois des champs ou Pisaille : pisum arvense. Tige grimpante, feuilles de 4 à 6 folioles, fleurs purpurines, par deux sur un seul pédoncule. A. Partout.

Pois cultivé : pisum sativum. Tige grimpante, feuilles de 4 à 6 folioles ovales, fleurs blanches ou roses. A. Culture. Les variétés de cette plante sont nombreuses. On connaît le pois michaux hâtif ; le mange-tout ou sans parchemin ; le pois vert; le pois fève; le pois couronné; et le pois d'Angleterre, qu'on cueille jusqu'aux premières gelées. Tous les pois sont comestibles, alimentaires, et moins flatueux que les haricots. On les conserve frais long-temps, après les avoir fait bouillir deux heures dans des bouteilles bien bouchées.

Pois chiche : cicer arietinum. Tige velue, feuilles de 9 à 12 folioles, fleurs blanches, gousses renflées, graine alimentaire. A. Culture.

Gesse aphaca : lathyrus aphaca. Tige grimpante, garnie de stipules au lieu de feuilles ; vrille simple, fleurs jaunes, gousses aplaties. A. Champs.

Gesse cultivée ou Pois carré : lathyrus sativus. Tige ailée, vrille feuillée, fleurs violettes ou blanches, gousses larges, graine alimentaire. A. Culture.

Gesse tubéreuse ou Gland de terre : lathyrus tuberosus. Tige anguleuse, feuilles à 2 folioles terminées par une vrille ; fleurs d'un rose foncé, tubercules noirâtres, bons à manger. V. Champs.

Gesse-Jaraude : lathyrus cicera. Tige ailée, vrilles

rameuses et garnies de 2 à 4 folioles, fleurs rouges. A. Culture.

Gesse des prés : lathyrus pratensis. Tige anguleuse, vrilles à 2 folioles, fleurs jaunes, réunies sur un pédoncule. V. Partout.

Gesse des bois : lathyrus sylvestris. Tige longue, ailée et rameuse, vrilles à 2 folioles, fleurs roses, réunies sur un très-long pédoncule. V. Haies.

Gesse odorante ou Pois de senteur : lathyrus odoratus. Tige ailée et grimpante, folioles par paires, vrilles rameuses, stipules sagittées, fleurs grandes, de couleur variée, symbole des plaisirs délicats. A. Jardins.

Gesse à larges feuilles ou Pois vivace : lathyrus latifolius. Tige grimpante, feuilles à 2 folioles ovales, fleurs d'un pourpre rose, réunies en grappes. V. Jardins.

Dorichnium : dorichnium. Arbuste à feuilles blanchâtres, folioles étroites, fleurs jaunâtres, en petites têtes. Jardins. Le suc de cette plante est un poison.

Dorichnium en herbe : dorichnium herbaceum. Tiges faibles, folioles obtuses, fleurs blanchâtres très-petites. V. Montagnes.

Orobe noire : orobus niger. Tige rameuse, feuilles de 3 à 5 paires de folioles, fleurs purpurines, réunies sur des pédoncules. V. Bois.

Orobe printanière : orobus vernus. Tige anguleuse, feuilles à 6 folioles, fleurs bleues ou rougeâtres, en grappes. V. Bois.

Orobe tubéreuse : orobus tuberosus. Tige grêle, feuilles de 2 à 3 paires de folioles, fleurs purpurines ou bleues. V. Bords des chemins.

Orobe jaune : orobus luteus. Tige anguleuse, feuilles à grandes folioles, fleurs jaunâtres. V. Montagnes.

Haricot commun : phaseolus vulgaris. Tige forte, feuilles à 3 folioles, fleurs blanches ou jaunâtres. A. Culture. Les principales variétés de cette plante sont : le haricot blanc hâtif ; le mange-tout ou sans parchemin ; le haricot nain ; le haricot à rames ; et le haricot rond tardif. Leurs graines sont nutritives, mais venteuses.

Haricot comprimé : phaseolus compressus. La plante se distingue par ses tiges élevées et par ses semences aplaties. C'est là meilleure espèce. A. Culture.

Haricot rouge ou Haricot à fleurs : phaseolus coccineus. Tiges grandes, folioles larges, fleurs écarlates. A. Jardins.

Haricot à bouquets ou Haricot d'Espagne et Pois d'Amérique : phaseolus multiflorus. Tiges grimpantes, folioles vastes, fleurs écarlates ou blanches, réunies en bouquets. A. Jardins.

Haricot-Caracalle: phaseolus caracalla. Tige forte, folioles élargies, fleurs blanches ou variées et roulées en colimaçon. V. Jardins.

Lupin bigarré : lupinus varius. Tige velue, feuilles de 5 à 8 folioles digitées; fleurs blanches ou roses, changeant de nuance pendant la fleuraison, disposées en épi presque verticillé; gousses très-grosses et très-poilues. A. Jardins. Il y a des personnes qui substituent les graines de lupin au café, et qui appellent la plante pois à café.

Lupin en arbre : lupinus arboreus. Buisson épais, à feuilles digitées, fleurs nombreuses et variées. Jardins.

Lupin blanc: lupinus albus. Tiges élevées, feuilles laciniées, fleurs blanches. A. Jardins.

CLASSE XVIII. — POLYADELPHIE (ÉTAMINES RÉUNIES EN TROIS FAISCEAUX OU PLUS).

Famille hypéricée.

Mille-pertuis perforé : hypericum perforatum. Tiges ponctuées de noir, feuilles à 5 nervures, fleurs jaunes, à 5 pétales allongés. V. Lieux secs. Cette plante est excitante, vulnéraire et incisive.

Mille-pertuis quadrangulaire : hypericum quadrangulare. Tige marquée de 4 ailes, feuilles larges, fleurs jaunes. V. Lieux secs.

Mille-pertuis hérissé : hypericum hirsutum. Tige velue, feuilles ovales, fleurs jaunes. V. Bois.

Mille-pertuis des montagnes : hypericum montanum. Tiges élevées, feuilles amplexicaules, fleurs jaunes très-grandes. V. Coteaux.

Mille-pertuis élégant : hypericum pulchrum. Toutes les parties de cette plante sont rouges à la fin de l'été. V. Bois.

Mille-pertuis douteux : hypericum dubium. Tige simple, feuilles ovales, fleurs jaunes et tachées. V. Montagnes.

Mille-pertuis à odeur de bouc : hypericum hirsinum. Arbrisseau à rameaux verts, feuilles lancéolées, fleurs jaunes, fruits rouges. Jardins.

Mille-pertuis de la Chine : hypericum chinense. Tige garnie de feuilles ovales, fleurs dorées très-grandes, symbole du retard, parce qu'elles paraissent au pied de l'hiver seulement.

Toute-saine : androsæmum. Tiges ligneuses et tranchantes, feuilles assez grandes, fleurs jaunes, disposées en ombelles simples. V. Bois. Ce sous-arbrisseau est excitant, incisif et vulnéraire.

Famille hespéridée.

Citronnier commun : citrus medica. Arbre toujours vert, à feuilles ovales, fleurs blanches, fruit gros, de couleur jaune. Jardins. L'acide citrique est souvent employé en médecine, et on en fait des limonades bien supérieures à celles d'acide tartrique dont on se sert habituellement. Le limonier est une variété à fruit très-juteux.

Pompelmouse : citrus decumara. Arbre comme le précédent, mais à fruit beaucoup plus gros et moins acide. Le cédrat en est une variété.

Oranger : citrus aurantium. Arbre toujours vert, à feuilles lancéolées, fleurs blanches, à 5 pétales, symbole de la chasteté et de la générosité. Jardins. Les beaux et bons fruits de ces arbres ne mûrissent que dans le midi.

CLASSE XIX. — SYNGÉNÉSIE (ÉTAMINES RÉUNIES PAR LES ANTHÈRES).

Famille chicoracée. (Fleurs composées ou semi-flosculeuse, ayant leurs fleurons en languette.)

Chicorée sauvage : cichorium intybus. Tige rameuse, feuilles roncinées, fleurs bleues ou blanches, symbole de la frugalité. V. Bords des chemins. Les variétés de cette plante sont cultivées comme alimentaires, stomachiques et dépuratives. Leur racine torréfiée tient lieu de café aux pauvres gens.

Chicorée-Endive : cichorium endiva. Tige creuse, feuilles élargies, fleurs bleues. A. Culture. L'escarole et la chicorée frisée sont des variétés de cette plante.

Lampsane commune : lampsana communis. Tige rameuse, feuilles un peu lyrées dans le bas et lancéolées en haut, fleurs jaunes assez petites, disposées en panicules. A. Champs. La lampsane est employée en cataplasme pour calmer les douleurs inflammatoires. On la connaît sous le nom d'herbe aux mamelles.

Lampsane puante : lampsana fœtida. Hampes uniflores, feuilles pinnatifides, fleurs jaunes très-grandes. V. Montagnes.

Lampsane petite : lampsana minima. Tige nue, feuilles jaunâtres, fleurs jaunes, par trois au faîte des rameaux. A. Sables.

Prenanthès : prenanthes. Tige rougeâtre, feuilles pinnatifides, fleurs jaunes, en panicule étalée. A. Bords des chemins.

Prenanthès des murs : prenanthes muralis. Tige

rougeâtre, feuilles roncinées et pinnatifides, fleurs jaunes, en panicule. A. Lieux secs.

Prenanthès pourprée : prenanthes purpurea. Tige grêle mais haute, feuilles nombreuses, fleurs rouges. V. Bois.

Prenanthès très-rameuse : prenanthes ramosissima. Tige blanchâtre, feuilles roncinées, fleurs jaunes. B. Coteaux.

Laiteron des lieux cultivés : sonchus oleraceus. Tige anguleuse, feuilles lyrées et quelquefois épineuses, fleurs jaunes, en corymbe. A. Champs.

Laiteron des champs : sonchus arvensis. Tige poilue, feuilles épineuses, fleurs jaunes. V. Partout.

Laiteron des marais : sonchus palustris. Tige élevée, feuilles roncinées et sagittées, fleurs jaunes. V. Lieux humides. Les trois espèces précédentes donnent beaucoup de lait aux vaches. On les appelle vulgairement laceron.

Laiteron rude : sonchus asper. Tiges et feuilles hérissées, fleurs jaunâtres, en panicule. A.

Laiteron des montagnes : sonchus montanus. Tige haute et dure, feuilles embrassantes, fleurs bleues très-grandes. V. On ne trouve ces deux dernières plantes que sur les montagnes élevées.

Epervière à grandes fleurs : hieracium grandiflorum.

Tige simple, feuilles sagittées, fleurs jaunes. V. Montagnes.

Epervière-Piloselle : hieracium pilosella. Feuilles poilues, hampes noirâtres, fleurs jaunes fort grandes. V. Lieux secs.

Epervière des murs ou Pulmonaire des Français : hieracium murorum. Tige presque nue, feuilles tachées de noir, fleurs jaunes. V. Lieux secs. La racine de cette plante est astringente et préférable à la vraie pulmonaire.

Epervière ombellée : hieracium ombellatum. Tige élevée, presque ligneuse et de couleur rougeâtre, feuilles allongées, fleurs jaunes, en corymbe. V. Bois. Cette belle plante fleurit en automne.

Epervière des marais : hieracium paludosum. Tiges garnies de feuilles amplexicaules et pointues, fleurs jaunes, en corymbe. V. Lieux humides.

Epervière auriculée : hieracium auricula. Tige flexueuse, feuilles poilues, fleurs jaunes. V. Marais.

Crépide bisannuelle : crepis biennis. Tige haute, feuilles grandes et pinnatifides, fleurs jaunes, en corymbe. B. et V. Prés.

Crépide des toits : crepis tectorum. Tige grisâtre et couverte de feuilles pinnatifides, fleurs jaunes, en panicule. A. Lieux secs.

Crépide fétide : crepis fœtida. Tige et feuilles cotonneuses, fleurs jaunes, longuement pédonculées. A. et B. Prés.

Crépide verte : crepis virens. Tiges anguleuses, feuilles lancéolées, embrassantes et sagittées, fleurs jaunes, en corymbe. A. Prés.

Crépide des Alpes : crépis alpina. Tige très-élevée, feuilles ovales, fleurs jaunes et rougeâtres, grandes et étalées. V. Montagnes.

Barkhausie à feuilles de pissenlit : barkhausia taraxacifolia. Tige rougeâtre, feuilles pinnatifides, fleurs jaunes, un peu rouges en dehors, disposées en corymbe irrégulier. B. Bords des chemins.

Barkhausie fétide : barkhausia fœtida. Tige hérissée de poils blancs, feuilles pinnatifides et embrassantes, fleurs jaunes et rouges, penchées avant la fleuraison sur des pédoncules très-longs. A. Lieux secs.

Laitue cultivée : lactuca sativa. Tige glabre, feuilles molles, fleurs jaunâtres. A. Culture. L'eau distillée de cette plante est sédative et tempérante ; le suc et l'extrait sont souvent employés. On cultive aussi la laitue pommée hâtive, la laitue d'été et celle d'hiver. La laitue romaine et le chicon en sont des variétés.

Laitue sauvage : lactuca scariola. Tige glabre,

feuilles sagittées, étalées et garnies de pointes en dessous, fleurs jaunes. B. Bords des chemins.

Laitue vivace : lactuca perennis. Tige haute, feuilles pinnatifides, de couleur glauque ; fleurs violettes ou bleues très-grandes. V. Coteaux. On pourrait manger cette espèce en salade.

Laitue piquante : lactuca asperina. Tige élevée, noirâtre et aiguillonnée, feuilles épineuses, fleurs jaunes. A. Lieux secs.

Laitue vireuse : lactuca virosa. Tige forte, feuilles dressées, fleurs jaunes. B. Bords des chemins. Cette plante est très-narcotique. On emploie son extrait dans les affections nerveuses.

Laitue à feuilles de saule : lactuca saligna. Tige rameuse, feuilles embrassantes, fleurs jaunes fort petites. A. Lieux secs.

Chondrille jonciforme : chondrilla juncea. Tiges épineuses, feuilles roncinées dans le bas et étroites en haut, fleurs jaunes très-petites. V. Champs.

Chondrille des murs : chondrilla muralis. Tige à peu près nue, feuilles lyrées, fleurs grêles. A. Lieux secs.

Pissenlit ou Dent de lion : taraxacum dens leonis. Feuilles roncinées, hampes fistuleuses portant chacune une fleur jaune, entourée d'un involucre réfléchi, symbole de l'oracle. On trouve deux variétés de cette plante : l'une à feuilles pinnatifides, l'autre à feuilles très-découpées. V. Champs. Le suc, l'extrait et la décoction de pissenlit sont dépuratifs, fondants et stomachiques.

Pissenlit des marais : taraxacum palustre. Les feuilles de celui-ci sont allongées, la hampe est rougeâtre, et l'involucre de la fleur n'est pas réfléchi. Il ne vaut rien en salade.

Liondent en fer de hallebarde: leontodon hastilis. Feuilles roncinées, quelquefois entières ; hampes et fleurs comme le pissenlit, mais avec des fleurons velus. V. Lieux secs.

Liondent d'automne : leontodon autumnalis. Tige nue, feuilles radicales très-découpées, fleurs jaunes, portées sur des pédoncules rameux. V. Lieux humides.

Liondent rude : leontodon hirtum. Feuilles poilues, hampes uniflores, fleurs jaunes. V. Lieux secs.

Liondent hispide : leontodon hispidum. Feuilles roncinées, hampes uniflores, fleurs jaunes fort grandes. V. Prés.

Sclérophylle : sclerophyllum. Tige élevée, feuilles roncinées, fleurs jaunes très-petites, en large panicule. A. Coteaux.

Thrincie : thrincia. Feuilles étalées, hampes grêles, fleurs jaunes. A. Lieux secs.

Thrincie rude: thrincia hirta. Tige raboteuse, feuilles poilues, fleurs jaunes. V. Coteaux.

Apargia des Alpes: apargia alpina. Cette plante ressemble parfaitement au pissenlit, mais elle n'a pas ses qualités. V. Prés.

Pricride: picris. Tige garnie de poils blancs et de feuilles dures, fleurs jaunes, en corymbe irrégulier. V. Champs.

Pricride des montagnes: picris montana. Tige simple, feuilles amplexicaules, fleurs dorées. B. Coteaux.

Helminthie: helminthia. Tige poilue, feuilles lancéolées, fleurs jaunes, entourées d'un involucre piquant. V. Bords des chemins.

Salsifis des prés ou Barbe de bouc: tragopogon pratense. Tige haute, feuilles engaînantes, fleurs jaunes très-grandes. On en trouve une variété à petites fleurs. B. Lieux humides.

Salsifis majeur: tragopogon majus. Tige ferme, feuilles embrassantes, fleurs jaunes. B. Coteaux.

Salsifis blanc: tragopogon porrifolium. Tige glabre, feuilles allongées, fleurs violettes, racine alimentaire. B. Culture.

Salsifis épineux: tragopogon spinosum. Tiges et feuilles de chardon, fleurs et racines jaunes. B. Jardins.

Scorsonère d'Espagne ou Salsifis noir : scorzonera hispanica. Tige haute, feuilles amplexicaules, fleurs jaunes. V. Culture. La racine de scorsonère est alimentaire et diaphorétique.

Scorsonère à feuilles étroites : scorzonera angustifolia. Tige laineuse, feuilles linéaires, fleurs jaunes fort petites. V. Montagnes.

Scorsonère humble : scorzonera humilis. Tige simple, feuilles longues, fleurs jaunes. V. Bois.

Scorsonère des montagnes : scorzonera montana. Tige dure, feuilles longues, fleurs jaunes. V. Coteaux.

Podosperme : podospermum. Tige blanchâtre, feuilles divisées en 6 ou 8 lobes étroits, fleurs jaunes. B. Lieux secs.

Podosperme à feuilles de chausse-trape : podospermum calcitrapifolium. Tige haute, feuilles pinnatifides, fleurs jaunes. V. Montagnes.

Hypochéris à longues racines : hypochæris radicata. Tige nue, feuilles en rosette, fleurs jaunes. V. Bords des chemins.

Hypochéris glabre : hypochæris glabra. Tige grêle, feuilles en rosette, fleurs jaunes plus petites que les précédentes. A. Lieux secs.

Hypochéris à une fleur : hypochæris uniflora. Tige simple, feuilles lancéolées, fleur jaune. V. Montagnes.

Hypochéris maculée: hypochæris maculata. Hampe droite, feuilles épaisses, fleurs jaunes. V. Montagnes.

Famille cynarocéphale. (Premièrement, fleurs flosculeuses ou à fleurons tubuleux.)

Artichaut commun : cynara scolymus. Tige ferme, feuilles pinnatifides, fleurs bleues, réceptacle charnu et comestible. V. Culture. La fleur de cette plante peut remplacer la présure pour faire cailler le lait.

Artichaut-Cardon : cynara cardunculus. Tige élevée, feuilles épineuses, fleurs bleues. V. Culture. On mange les pétioles et les côtes de cardon.

Onopordon-Chardon-acanthe ou Pédane : onopordum acanthium. Tige laineuse, feuilles vastes, décurrentes et épineuses, fleurs purpurines, en grosses têtes, symbole des métiers. B. Bords des chemins. On peut manger le réceptacle de pédane comme celui d'artichaut. Quelques-unes de ses feuilles radicales résistent aux plus grands froids, après que la tige est détruite : elles sont blanches.

Chardon penché : carduus nutans. Tige anguleuse, feuilles pinnatifides et épineuses, fleurs purpurines, en têtes inclinées. B. Bords des chemins.

Chardon multiflore : carduus multiflorus. Tige

dure, feuilles pinnatifides, fleurs rouges, en têtes nombreuses. B. Coteaux.

Chardon crépu : carduus crispus. Tige ailée, feuilles très-épineuses, fleurs purpurines, en petites têtes ramassées au sommet des rameaux, symbole de l'austérité. B. Lieux secs.

Chardon axillaire : carduus axillaris. Tige élevée, feuilles épineuses, fleurs pourpres, en têtes latérales. V. Montagnes.

Chardon marie : carduus marianus. Tige glabre, feuilles marbrées, fleurs purpurines, en têtes garnies d'épines. A. Bords des chemins. La racine de cette plante est sudorifique.

Chardon à feuilles menues : carduus tenuifolius. Tiges moyennes, feuilles ciliées, fleurs variées. V. Montagnes.

Cirse des marais : cirsium palustre. Tige haute, feuilles décurrentes et épineuses, fleurs purpurines, en têtes assez petites. V. Lieux humides.

Cirse lancéolé : cirsium lanceolatum. Tige branchue, feuilles allongées et découpées en lanières épineuses, fleurs purpurines, en très-grosses têtes foliacées. B. Bords des chemins.

Cirse laineux ou Chardon aux ânes : cirsium eriophorum. Tige velue, feuilles pinnatifides très-longues,

7

fleurs en grosses têtes purpurines et cotonneuses. B. Lieux secs.

Cirse des prés : cirsium pratense. Tiges uniflores, feuilles lancéolées, fleurs purpurines. V. Lieux humides.

Cirse des lieux cultivés : cirsium oleraceum. Tige élevée, feuilles pinnatifides et aiguillonnées, fleurs jaunâtres, en têtes garnies d'un involucre sans épines. V. Prés. Cette espèce est connue sous le nom de cnicus.

Cirse très-épineux : cirsium spinosissimum. Tige peu élevée, feuilles couvertes d'aiguillons, fleurs jaunâtres fort petites. V. Montagnes.

Cirse des champs: cirsium arvense. Tige paniculée, feuilles crépues et épineuses, fleurs purpurines très-nombreuses. V. Partout. Cette plante a souvent des verrues qu'on croyait propres à préserver des hémorroïdes, ce qui lui a mérité le nom de chardon hémorroïdal.

Cirse pourpre : cirsium purpureum. Tige haute, feuilles embrassantes, fleurs rouges très-grandes. V. Coteaux.

Cirse sans tige : cirsium acaule. Feuilles étalées sur la terre, pédoncule surmonté d'une grande tête de fleurs purpurines. V. Coteaux.

Carline : carlina. Tige dure, feuilles piquantes,

fleurs blanches, en têtes munies d'un involucre roux et scarieux. B. Lieux secs. La carline est employée comme un bon sudorifique.

Carline sans tige : carlina acaulis. Feuilles pinnatifides et épineuses, fleurs très-grandes, de couleur d'argent. V. Montagnes.

Bardane ou Glouteron : lappa minor. Tige forte, feuilles grandes, fleurs purpurines, en petites têtes. B. Bords des chemins. Cette bardane est dépurative; on se sert de sa racine.

Bardane à grandes fleurs : lappa major. Tige élevée, feuilles vastes, fleurs purpurines, en têtes assez grosses. B. Bords des chemins.

Bardane cotonneuse: lappa tomentosa. Tige et feuilles blanchâtres, fleurs purpurines, entourées de fils entrelacés. B. Lieux secs. Les trois espèces de bardane sont le symbole de l'importunité, à cause de leurs graines qui s'accrochent aux vêtements.

Sarrette : serratula. Tige forte, feuilles lyrées et pinnatifides, fleurs purpurines, en corymbe. V. Lieux humides. Les teinturiers se servent de cette plante pour colorer en jaune.

Sarrette à tige nue : serratula nudicaulis. Tige sans feuilles, et surmontée d'une tête de fleurs purpurines. V. Montagnes.

Fleurs à fleurons extérieurs plus grands que ceux du centre.

Carthame : carthamus. Tige forte, feuilles pinnatifides et épineuses, fleurs jaunes, en grosses têtes cotonneuses. A. Lieux secs.

Centaurée-Jacée : centaurea jacea. Tige anguleuse, feuilles en large touffe dans le bas et lancéolées dans le haut, fleurs en têtes purpurines ou blanches, entourées d'un involucre brun et scarieux. V. Partout.

Centaurée blanchâtre : centaurea canescens. Tige et feuilles pâles, fleurs purpurines. V. Lieux secs.

Centaurée des montagnes : centaurea montana. Tige ferme, feuilles laineuses, fleurs blanches et violettes. V. Coteaux.

Centaurée noire : centaurea nigra. Tige anguleuse, feuilles lancéolées, fleurs purpurines, en têtes garnies d'un involucre presque noir. V. Lieux secs.

Centaurée noirâtre : centaurea nigrescens. Tige dure, feuilles pinnatifides, fleurs rougeâtres très-étalées. V. Coteaux.

Centaurée à feuilles de scabieuse : centaurea scabiosa. Tige glabre, feuilles pinnatifides, fleurs purpurines, à fleurons laciniés. V. Coteaux.

Centaurée uniflore : centaurea uniflora. Tige simple, feuilles presque blanches, fleurs variées. V. Montagnes.

Centaurée-Bluet ou Casse-lunette : centaurea cyanus. Tige rameuse, feuilles longues, fleurs bleues, symbole de la délicatesse en amour. A. Champs. Le bluet est ophthalmique. On en cultive des variétés de toutes les couleurs sous le nom de barbeau.

Centaurée du solstice : centaurea solsticialis. Tige ailée et cotonneuse, feuilles pinnatifides dans le bas et entières dans le haut, fleurs d'un beau jaune, entourées d'épines allongées. B. Bords des chemins.

Centaurée amère : centaurea amara. Tige droite, feuilles divisées, fleurs roses. V. Montagnes.

Centaurée-Chausse-trape ou Chardon étoilé : centaurea calcitrapa. Tige blanchâtre, feuilles pinnatifides, fleurs purpurines ou blanches, entourées d'épines étalées. B. Partout. Cette plante est sudorifique.

Centaurée-Ambrette : centaurea amberboï. Tige droite, feuilles larges, fleurs variées, symbole de la félicité. A. Jardins.

Boulette : echinops. Tige haute, feuilles pinnatifides et épineuses, fleurs jaunâtres, en têtes sphériques. B. Haies. On en cultive des variétés à très-grosses têtes de toutes les couleurs.

Saussurea. Tige basse, feuilles cotonneuses, fleurs pourpres. V. Montagnes. Cette plante a été dédiée à Saussure.

Scolyme : scolymus. Tige ferme, feuilles épineuses, fleurs jaunâtres. V. Jardins.

Cardoncelle : carduncellus. Feuilles radicales, tête de fleurs très-grosses, de couleur bleue. V. Montagnes.

Famille corymbifère. (D'abord, fleurs discoïdes ou sans rayons.)

Eupatoire : eupatorium. Tiges élevées, feuilles à 3 folioles lancéolées, fleurs rougeâtres, disposées en beaux corymbes serrés. B. Lieux humides. Cette plante est purgative et vomitive. On l'emploie dans l'hydropisie.

Armoise commune : artemisia vulgaris. Tige rougeâtre, feuilles pinnatifides et incisées, fleurs rousses, symbole du bonheur. V. Bords des chemins. Cette espèce d'armoise est calmante, anti-hystérique et emménagogue. On l'emploie en infusion.

Armoise à épis : artemisia spicata. Tige simple, feuilles noirâtres, fleurs blanchâtres, en épis nombreux. V. Montagnes.

Armoise des champs : artemisia campestris. Tiges

ligneuses, feuilles divisées en 3 ou 4 segments linéaires, fleurs verdâtres très-petites. V. Lieux secs. La graine de celle-ci est un excellent vermifuge.

Armoise des glaces : artemisia glacialis. Tige simple, feuilles blanches, fleurs jaunâtres, en têtes. V. Montagnes.

Armoise-Absinthe : artemisia absinthium. Tiges pubescentes, feuilles pinnatifides, fleurs jaunâtres symbole de l'absence. V. Champs. On cultive l'absinthe en grand pour ses qualités aromatique, stomachique, vermifuge et emménagogue. Le vin dans lequel on a fait infuser de l'absinthe se nomme vermout. L'absinthe comme boisson est funeste à bien des gens. Elle est apéritive, j'en conviens : est-ce à dire qu'elle donne appétit ? non ; au contraire, son usage prolongé rétrécit l'estomac, le rend inerte et détruit l'existence.

Armoise-Estragon : artemisia dracunculus. Tige tortueuse, feuilles éparses, fleurs verdâtres. V. Jardins. L'estragon sert d'assaisonnement.

Armoise-Citronnelle : artemisia abrotanum. Arbuste à feuilles étroites et fleurs jaunâtres, symbole de la douleur. Jardins.

Armoise naine : artemisia nana. Tiges fines, feuilles écartées, fleurs peu apparentes et sans odeur. V. Jardins.

Balsamite ou Herbe au coq : balsamita. Tiges hautes, feuilles arrondies et auriculées, fleurs jaunâtres. V. Jardins. Cette plante est aromatique, stomachique et vermifuge.

Tanaisie commune : tanacetum vulgare. Tiges droites et élevées, feuilles divisées en 4 segments pinnatifides, fleurs d'un beau jaune, disposées en corymbes élégants. V. Bords des chemins. La tanaisie est douée de beaucoup de qualités : elle est chaude, vermifuge et antispasmodique à un haut degré.

Tanaisie des Canaries : tanacetum canariensis. Sous-arbrisseau à feuillage charmant ; fleurs d'un jaune d'or se conservant toute l'année dans les appartements. V.

Conyze : conyza. Tige forte, feuilles allongées, fleurs jaunâtres et rougeâtres, disposées en corymbes. B. Lieux secs.

Chrysocome : chrysocoma. Tige paniculée, feuilles charnues, fleurs jaunes, ayant pour devise : Vous me faites attendre. V. Montagnes.

Gnaphale des sables : gnaphalium arenarium. Tige cotonneuse, feuilles obtuses, fleurs jaunâtres. V. Lieux secs.

Gnaphale dioïque ou Pied de chat : gnaphalium dioïcum. Tige à rejets rampants, feuilles en rosette cotonneuse, fleurs blanches ou rougeâtres. V. Coteaux. Cette espèce est employée comme pectorale.

Gnaphale germanique ou Herbe à coton : gnaphalium germanicum. Tige et feuilles blanches, fleurs jaunâtres. A. Champs.

Gnaphale des Alpes : gnaphalium alpinum. Tige simple, feuilles lancéolées, fleurs terminales, de couleur blanchâtre. V. Montagnes.

Gnaphale couché : gnaphalium supinum. Tige basse et courbée, feuilles linéaires, fleurs blanchâtres assez grandes. V. Montagnes.

Gnaphale de France : gnaphalium gallicum. Tige diffuse, feuilles étroites, fleurs rousses. A. Sables.

Gnaphale droit : gnaphalium rectum. Tige simple, feuilles linéaires, fleurs blanches, en épi. V. Montagnes.

Gnaphale laineux : gnaphalium uliginosum. Tige blanche, feuilles étroites, fleurs rousses. A. Lieux humides.

Gnaphale d'Asie ou Eternelle : gnaphalium orientale. Tige et feuilles cotonneuses, fleurs grandes, de couleur jaune ou blanche, entourées d'un calice scarieux et brillant. V. Jardins.

Filago des montagnes : filago montana. Tige dichotome, feuilles lancéolées, fleurs blanchâtres, réunies en une sorte d'épi. A. Coteaux.

Carpésium ; carpesium. Tige très-rameuse, feuilles poilues, fleurs jaunes fort grandes. V. Montagnes.

Xeranthème-Immortelle : xeranthemum. Tige anguleuse et cotonneuse, feuilles linéaires, fleurs purpurines ou blanches, simples ou doubles, symbole du souvenir immortel. A. Jardins.

Xeranthème - Immortelle jaune : xeranthemum stœchas. Tige simple, feuilles persistantes, fleurs jaunes, même symbole que ci-dessus. V. Jardins.

Xeranthème à bractées : xeranthemum bracteatum. Tige rameuse, feuilles lancéolées, fleurs jaunes fort grandes, entourées de longues écailles dorées. A. et B. Jardins. Les fleurs de ces trois espèces durent plusieurs années, si on a soin de raviver leurs couleurs avec de l'acide nitrique étendu d'eau.

Micrope : micropus. Tige petite, feuilles blanches, fleurs cotonneuses. A. Lieux secs.

Bident partagé ou Chanvre aquatique : bidens tripartita. Tige haute et rameuse, feuilles de 3 à 5 folioles oblongues, fleurs jaunes assez grandes, entourées d'un involucre très-long. A. Bords de l'eau.

Bident courbé : bidens cernua. Tige velue, feuilles lancéolées, fleurs jaunes, pourvues de quelques rayons. A. Lieux humides.

Madia cultivé : madia sativa. Tige rameuse, feuilles lancéolées, fleurs jaunes. A. Culture. Cette plante, qui répand une odeur nauséabonde, fournit cependant de bonne huile de table.

Santoline ou Garde-robe : semen contra santolina. Tige cotonneuse ou glabre, feuilles découpées, fleurs jaunes, quelquefois blanches. V. Jardins. La graine de santoline est notre meilleur vermifuge indigène.

Fleurs radiées ou à fleurons étalés et rayonnants.

Paquerette vivace ou Petite marguerite : bellis perennis. Touffe de feuilles spatulées, hampes courtes, fleurs blanches ou rougeâtres, symbole de l'innocence. V. Partout. On en cultive plusieurs variétés à fleurs doubles et à rayons roulés, symbole de l'affection. Ces fleurs ont toujours le disque ou centre jaune, ainsi que les suivantes.

Pyrèthre inodore : pyrethrum inodorum. Tige rougeâtre, feuilles capillaires d'un vert foncé, fleurs blanches. A. Champs.

Pyrèthre en corymbe : pyrethrum corymbosum. Tige anguleuse, feuilles à folioles pinnatifides, fleurs blanches. V. Bois.

Matricaire : matricaria. Tiges pubescentes, feuilles à folioles pinnatifides, fleurs blanches. B. Lieux secs. Les fleurs de matricaire sont estimées antispasmodiques et anti-hystériques. La plante donne quelquefois des fleurs doubles naturellement.

Matricaire à feuilles de camomille : matricaria chamomilla. Tige glabre, feuilles tripinnées, fleurs blanches. A. Champs. Cette plante est stomachique, antispasmodique et vermifuge.

Chrysanthème en corymbe : chrysanthemum corymbosum. Tige branchue, feuilles pinnatifides, fleurs blanches. V. Coteaux.

Chrysanthème-Grande marguerite : chrysanthemum leucanthemum. Tige un peu anguleuse, feuilles spatulées et dentées, fleurs blanches, ayant pour devise : Je partage vos sentiments, m'aimez-vous ? J'y songerai. V. Prés.

Chrysanthème à feuilles dissemblables : chrysanthemum heterophyllum. Tiges simples, feuilles inégales, fleurs blanches. V. Coteaux.

Chrysanthème des blés ou Marguerite dorée : chrysanthemum segetum. Tige lisse, feuilles amplexicaules, fleurs entièrement jaunes. A. Champs.

Chrysanthème des Alpes : chrysanthemum alpinum. Tige simple, feuilles pinnatifides, fleurs blanches. V. Montagnes.

Chrysanthème des jardins : chrysanthemum coronarium. Touffe de tiges branchues, feuilles profondément découpées, fleurs simples ou doubles, de couleur d'or ou d'un jaune pâle. A. Jardins.

Chrysanthème des Indes : chrysanthemum indicum. Tiges nombreuses, feuilles découpées et dentées, fleurs grandes, fleurons en tuyau ou en languette, variant dans toutes les couleurs. V. Jardins.

Arnica de montagne ou Tabac des Vosges : arnica montana. Tige velue, feuilles opposées par paires, fleurs d'un jaune foncé, employées comme toniques, vulnéraires et sternutatoires. V. Coteaux. On fume cette plante en guise de tabac : de là son nom vulgaire.

Arnica scorpioïde : arnica scorpioïdes. Tige uniflore, feuilles larges, fleurs jaunes très-grandes. V. Montagnes.

OEil de bœuf : buphthalmum. Tige élevée, feuilles larges, fleurs d'un beau jaune. V. Jardins.

OEil de bœuf à grandes fleurs : buphthalmum grandiflorum. Tige forte, feuilles lancéolées, fleurs dorées. V. Jardins.

OEil de bœuf élégant : buphthalmum elegans. Tige longue, feuilles cordiformes, fleurs jaunes très-larges. V. Jardins.

Doronic : doronicum. Tige haute, feuilles en cœur, fleurs d'un jaune pâle. V. Bois.

Marguerite : margarita. Cette plante ressemble à

la précédente ; c'est la véritable marguerite. V. Jardins.

Hélénie-Aunée : helenium. Tige très-forte, feuilles grandes, fleurs jaunes. V. Lieux humides. Cette belle plante est stomachique, vermifuge et incisive. Elle convient dans les affections catarrhales et les engorgements visqueux du poumon. On l'emploie aussi à l'extérieur contre les maladies psoriques.

Hélénie d'automne : helenium autumnale. Tige élevée, feuilles larges et longues, fleurs d'un jaune éclatant, symbole des pleurs. V. Jardins.

Inule à feuilles de saule : inula salicina. Tige glabre, feuilles embrassantes, fleurs jaunes. V. Bois.

Inule rude : inula hirsuta. Tige rougeâtre, feuilles poilues, fleurs d'un jaune safran. V. Coteaux.

Inule britannique : inula britannica. Tige velue, feuilles amplexicaules, fleurs jaunes, à rayons étroits et nombreux. V. Bords de l'eau.

Inule amplexicaule : inula amplexicaulis. Tige anguleuse, feuilles embrassantes, fleurs jaunes. V. Montagnes.

Inule-Herbe de St-Roch : inula dysenterica. Tige cotonneuse, feuilles allongées, fleurs jaunes. V. Lieux humides. Celle-ci est employée contre la dysenterie.

Inule-Pulicaire : inula pulicaria. Tige rougeâtre et velue, feuilles petites, fleurs jaunes sans rayons apparents. A. Lieux humides.

Inule des montagnes : inula montana. Tige hérissée, feuilles lancéolées, fleurs jaunes. V. Coteaux.

Cinéraire champêtre : cineraria campestris. Tige simple, presque nue et laineuse par place, feuilles du bas ovales, les autres lancéolées ; fleurs jaunes, à rayons allongés. V. Bois.

Cinéraire des jardins : cineraria hortensis. Tige rameuse, feuilles arrondies, fleurs bleues, roses, jaunes ou blanches. V. Cette jolie plante varie à l'infini dans les appartements et dans les parterres des amateurs.

Cinéraire des Alpes : cineraria alpina. Tige en corymbe, feuilles lyrées, fleurs jaunes. V. Jardins.

Erigeron du Canada : erigeron canadense. Tige élevée, feuilles nombreuses, fleurs blanchâtres très-petites, disposées en longue panicule. A. Cette plante est commune dans les terres sablonneuses, où elle s'est naturalisée. On la brûle pour en tirer la potasse qu'elle contient abondamment.

Erigeron âcre : erigeron acre. Tige rameuse à la souche, feuilles lancéolées, fleurs bleues ou purpurines. V. Lieux secs.

Erigeron des Alpes : erigeron alpinus. Tige droite, feuilles nombreuses, fleurs bleuâtres. V. Montagnes.

Solidage-Verge d'or : solidago virga aurea. Tige rougeâtre, feuilles lancéolées, fleurs jaunes, en petites grappes formant un long épi. V. Bois.

Solidage à odeur forte : solidago graveolens. Tige rameuse, feuilles allongées, fleurs jaunes, en panicules. V. Lieux secs.

Solidage du Canada ou Bâton d'or : solidago canadensis. Tiges élevées, feuilles lancéolées, fleurs jaunes. V. Jardins.

Solidage très-élevé ou Gerbe d'or : solidago altissima. Tiges nombreuses, feuilles allongées, fleurs jaunes, par milliers. V. Jardins.

Vernonie : vernonia. Tiges hautes, feuilles lancéolées, fleurs rouges, en grosses panicules. V. Jardins.

Séneçon commun : senecio vulgaris. Tige tendre, feuilles pinnatifides, fleurs jaunes presque sans rayons. A. Partout.

Séneçon-Jacobée ou Herbe de St-Jacques: senec jacobæa. Tige haute et rameuse, feuilles pinnatifides, à découpures dentées ; fleurs jaunes, à rayons roulés à leur maturité. V. Prés.

Séneçon aquatique : senecio aquaticus. Tige violette, feuilles lyrées, fleurs jaunes, rayons étalés ou roulés. V. Lieux humides.

Séneçon des bois : senecio sylvaticus. Tige paniculée, feuilles pinnatifides et cotonneuses, fleurs jaunes, rayons petits et roulés. A. Bois.

Séneçon à feuilles de roquette : senecio ericifolius. Tige cotonneuse, feuilles grandes et pinnatifides, fleurs jaunes assez petites. V. Bois.

Séneçon visqueux : senecio viscosus. Tige étalée, feuilles pinnatifides, fleurs jaunes fort grandes. A. Bois.

Séneçon blanchâtre : senecio incanus. Tige inclinée, feuilles à folioles découpées, fleurs jaunes. V. Champs.

Séneçon uniflore : senecio uniflorus. Tige simple, feuilles pinnatifides, fleurs jaunes. V. Montagnes.

Séneçon des marais : senecio paludosus. Tige haute, feuilles longues et entières, fleurs jaunes, grandes, nombreuses. V. Bords de l'eau.

Séneçon cultivé : senecio doria. Tiges très-élevées, feuilles allongées, fleurs jaunâtres. V. Jardins.

Séneçon élégant : senecio elegans. Tige rameuse, feuilles découpées, fleurs cramoisies, roses ou violettes et souvent doubles. B. Jardins.

Cacalie : cacalia. Tiges élevées, feuilles cotonneuses, fleurs nombreuses, de couleur jaune ou blanche. V. Jardins.

Cacalie des Alpes : cacalia alpina. Tige rameuse, feuilles charnues, fleurs roses. V. Jardins.

Aster commun : aster amellus. Tiges rougeâtres, feuilles ovales, fleurs bleues, avec le disque jaune. V. Bois. On en cultive des variétés sans nombre, à fleurs simples ou doubles de toutes les couleurs.

Aster des marais : aster tripolium. Tige haute, feuilles épaisses, fleurs bleues. V. Lieux humides.

Aster des Alpes : aster alpinus. Tiges simples, feuilles spatulées, fleurs blanches, solitaires au bout des tiges. V. Jardins.

Aster-OEil du Christ : aster oculus christi. Tige forte, feuilles lancéolées, fleurs grandes et variées. V. Jardins.

Aster à grandes fleurs : aster grandiflorus. Tige en buisson, feuilles petites, fleurs rougeâtres, symbole de l'arrière-pensée. V. Jardins.

Aster de Chine ou Reine marguerite : aster chinensis. Tige velue, feuilles inférieures pétiolées, les autres lancéolées ; fleurs très-grandes, de diverses couleurs, souvent doubles et à fleurons ligulés ou roulés en tuyau, symbole de la variété. A. Jardins.

Gaillarde : gaillardia. Tige basse, feuilles lancéolées, fleurs grandes, jaunes ou variées. V. Jardins.

Rudebékia : rudebekia. Tige élevée, feuilles digitées, fleurs jaunes, à rayons allongés. V. Jardins.

Sigesbékia : sigesbekia. Tige forte, feuilles digitées, fleurs jaunes ou variées. V. Jardins.

Tussilage-Pas d'âne : tussilago farfara. Feuilles larges et blanchâtres, hampe écailleuse, fleurs jaunes se développant avant les feuilles. V. Champs. Toutes les parties de cette plante sont pectorales, en infusion théiforme.

Tussilage-Pétasite : tussilago petasites. Tige épaisse et garnie d'écailles, feuilles vastes, fleurs purpurines, disposées en thyrse, rayons presque nuls. V. Lieux humides. Le pétasite est pectoral comme le pas d'âne.

Tussilage des Alpes : tussilago alpina. Feuilles réniformes, hampe surmontée d'une belle fleur blanche. V. Jardins.

Tussilage odorant ou Héliotrope d'hiver : tussilago fragrans. Tige blanchâtre et écailleuse, feuilles larges et longuement pétiolées, fleurs rougeâtres, disposées en thyrse, symbole de la justice. V. Jardins.

Camomille des champs : anthemis arvensis. Tige rougeâtre et velue, feuilles tripinnées, à divisions étroites ; fleurs blanches, à rayons trifides et disque jaune. A. Champs.

Camomille puante ou Maroute : anthemis cotula.

Tige glabre, feuilles tripinnées, à divisions aiguës; fleurs comme les précedentes. A. Champs. Cette plante est anti-hystérique, mais elle est peu usitée, à cause de sa mauvaise odeur.

Camomille mixte : anthemis mixta. Tige étalée, feuilles bipinnatifides, ou seulement pinnatifides et allongées, fleurs blanches. A. Champs.

Camomille des teinturiers : anthemis tinctoria. Tige dure, feuilles très-découpées, fleurs grandes, d'un beau jaune, servant à faire de la couleur. V. Lieux secs.

Camomille romaine : anthemis nobilis. Tige basse, divisée en 3 ou 4 rameaux partant de la racine; feuilles bipinnées et de couleur grisâtre, involucre à folioles scarieuses, fleurs blanches. V. Lieux secs. La camomille romaine se prend comme le thé. Elle est aromatique, vermifuge, antispasmodique et stomachique. En général, les plantes aromatiques doivent être employées en infusion, et fraîches s'il est possible, parce que c'est dans cet état qu'elles possèdent toutes leurs qualités. La dessication leur fait perdre une bonne partie de l'huile essentielle qui les rend si agréables à l'odorat, étant vertes.

Achillée des Alpes : achillea alpina. Tiges élevées, feuilles lancéolées, fleurs blanches assez grandes, disposées en corymbes. V. Montagnes.

Achillée-Mille-feuille ou Herbe au charpentier : achillea millefolium. Tiges droites, feuilles bipinnées, à découpures fines et nombreuses ; fleurs petites, variant du blanc au rouge, disposées en corymbes serrés, symbole de la guerre. V. Bords des chemins. Cette plante est vulnéraire et bonne pour les coupures.

Achillée naine : achillea nana. Tiges gazonneuses, feuilles très-fines, fleurs blanches, en têtes. V. Coteaux.

Achillée-Ptarmique ou Herbe à éternuer : achillea ptarmica. Tige élevée, feuilles longues et finement dentées, fleurs blanches moins nombreuses, mais plus développées que les précédentes. V. Lieux humides. On en cultive une belle variété à fleurs doubles, qu'on appelle grand bouton d'argent.

Achillée noble : achillea nobilis. Tiges fortes, feuilles à découpures menues, fleurs blanches, en larges corymbes. V. Montagnes.

Tagétès étalée ou Œillet d'Inde : tagetes patula. Tige glabre, feuilles à découpures lancéolées, fleurs d'un jaune orangé, souvent variées de pourpre, portées sur des pédoncules renflés et fistuleux. A. Jardins. On en cultive une jolie variété à fleurs doubles.

Tagétès droite ou Rose d'Inde : tagetes erecta. Tige

rameuse, feuilles plus grandes que les précédentes, fleurs d'un beau jaune, simples ou doubles, symbole de l'aversion. Le même symbole est commun aux deux espèces et à leurs variétés. A. Jardins.

Zinnia multiflore : zinnia multiflora. Tige rameuse et velue, feuilles opposées, fleurs rouges ou jaunes. A. Jardins.

Zinnia verticillé : zinnia verticillata. Tige rameuse, feuilles lancéolées, un peu verticillées ; fleurs grandes, à rayons rouges et centre brun. A. Jardins.

Zinnia roulé : zinnia revoluta. Tige rameuse, feuilles opposées, fleurs plus petites que les précédentes, à rayons écartés et recourbés en dessous. A. Jardins.

Zinnia élégant : zinnia elegans. Tige rameuse, feuilles rudes, fleurs très-grandes, d'un violet pâle. A. Jardins.

Dahlia. Ce nom est unique dans toutes les langues. Tige haute et rameuse, feuilles du bas opposées et divisées en plusieurs folioles, celles du haut assez simples ; fleurs très-grandes, variant infiniment dans la couleur, la forme et le nombre de leurs rayons, symbole de la nouveauté. Les amateurs qui croient avoir plusieurs espèces de dahlia se trompent grandement : ils ne possèdent que des fleurs plus ou moins doubles et plus ou moins colorées. V.

Coréopsis élégant : coreopsis elegans. Tige rameuse, feuilles bipinnées, à découpures fines; fleurs jaunes, marquées de pourpre. A. Jardins.

Hélianthe annuel ou Soleil et Tournesol : helianthus annuus. Tige forte et rude, feuilles vastes, fleurs jaunes très-grandes, symbole des fausses richesses. A. Jardins. On en cultive deux variétés : l'une naine ; l'autre plus grande, et à fleurs doubles.

Hélianthe multiflore: helianthus multiflorus. Tiges nombreuses, feuilles ovales et cordiformes, fleurs jaunes, souvent doubles. V. Jardins.

Hélianthe de plusieurs toises : helianthus orgialis. Tiges très-hautes, feuilles longues et pendantes, fleurs jaunes assez petites. V. Jardins.

Hélianthe tubéreux ou Topinambour : helianthus tuberosus. Tiges élevées, feuilles allongées, fleurs jaunes, tubercules alimentaires. V. Culture.

Souci des vignes : calendula arvensis. Tige étalée, feuilles oblongues, fleurs jaunes, symbole du chagrin. A. Champs. Cette plante est emménagogue et narcotique, ainsi que la suivante.

Souci officinal : calendula officinalis. Tige velue, feuilles ovales, fleurs jaunes, simples ou doubles, symbole de la peine. A. Jardins.

Dimorphotéca ou Souci pluvial : dimorphoteca pluvialis. Tige rameuse, feuilles lancéolées, fleurs d'un blanc de neige, symbole du présage. B. Jardins. Les jolies fleurs de dimorphotéca se ferment lorsqu'il doit pleuvoir. C'est un baromètre naturel.

CLASSE XX. — GYNANDRIE (ÉTAMINES ET PISTILS RÉUNIS).

Famille orchidée.

Orchis à deux feuilles : orchis bifolia. Tige simple, feuilles grandes, fleurs blanches, à 5 divisions voûtées, et une autre pendante et éperonnée qu'on appelle labellum. V. Bois. Toutes les fleurs des orchis ont la même organisation.

Orchis pyramidal : orchis pyramidalis. Tige droite, feuilles nombreuses, fleurs purpurines, en gros épi. V. Haies.

Orchis mâle : orchis mascula. Tige rougeâtre, feuilles tachées, fleurs purpurines ou blanches, en épi. V. Bois.

Orchis pâle : orchis pallens. Tige basse, feuilles ovales, fleurs jaunâtres, en épi. V. Lieux humides.

Orchis des marais : orchis palustris. Tige haute, feuilles linéaires, fleurs purpurines. V. Prés.

Orchis incarnat : orchis incarnata. Tige basse, feuilles oblongues, fleurs rouges. V. Montagnes.

Orchis à larges feuilles : orchis latifolia. Tige très-forte, feuilles arrondies, fleurs rouges ou blanches, en épi long et étroit. V. Prés.

Orchis en casque : orchis galeata. Tige haute, feuilles lancéolées, fleurs rouges et piquées de pourpre. V. Coteaux.

Orchis varié : orchis variegata. Tige dressée, feuilles étroites, fleurs d'un pourpre pâle, disposées en tête. V. Prés.

Orchis militaire : orchis militaris. Tige très-élevée, feuilles larges, fleurs grandes, d'un rouge pâle, en gros épi. V. Montagnes.

Orchis très-odorant : orchis odoratissima. Tige droite, feuilles longues, fleurs purpurines. V. Prés.

Orchis maculé : orchis maculata. Tige forte, feuilles tachées, fleurs roses et piquées de pourpre. V. Bois.

Orchis brun : orchis fusca. Tige élevée, feuilles larges, fleurs noirâtres, en gros épi. V. Bois.

Orchis-Morio : orchis morio. Tige petite, feuilles linéaires, fleurs grandes, de couleur purpurine ou blanche. V. Prés. La racine bulbeuse des orchis, et particulièrement celle du morio, sert à préparer le salep, qui est à la fois nourrissant, analeptique et aphrodisiaque. On préfère celui qui vient de Perse, quoiqu'il soit exactement le même.

Satyrion : satyrium. Tige droite, feuilles ovales dans le bas et linéaires en haut, fleurs verdâtres, marquées de lignes pourpres, répandant une forte odeur de bouc. V. Lieux secs.

Satyrion verdâtre : satyrium viride. Tige moins élevée que la précédente, feuilles lancéolées, fleurs jaunâtres, accompagnées de bractées plus longues qu'elles. V. Prés. Les fleurs suivantes, bien qu'elles soient de la même famille, n'ont pas d'éperon : c'est la seule différence avec les orchis.

Ophrys mouche : ophrys myodes. Tige simple, feuilles lancéolées, fleurs à 5 divisions étalées, et une autre pendante, le tout varié de pourpre et de vert, symbole de l'erreur. V. Coteaux.

Ophrys ovale : ophrys ovata. Tige haute, feuilles au nombre de deux, fleurs verdâtres, en épi lâche. V. Lieux humides.

Ophrys pendu : ophrys antropophora. Tige dressée, feuilles ovales, fleurs jaunâtres, en épi allongé. V. Prés.

Ophrys nid d'oiseau : ophrys nidus avis. Racines

entrelacées, tige haute et nue, gaînes tenant lieu de feuilles; fleurs rousses. V. Bois.

Ophrys araignée : ophrys aranifera. Tige droite, feuilles lancéolées, fleurs verdâtres, symbole de l'adresse. V. Lieux secs.

Ophrys faux miroir : ophrys pseudo-speculum. Tige petite, feuilles glauques, fleurs jaunâtres. V. Coteaux.

Sérapias : serapias. Tige droite, feuilles ovales, fleurs assez grandes et variées de plusieurs couleurs. V. Champs.

Epipactis à larges feuilles : epipactis latifolia. Tige haute, feuilles embrassantes, fleurs rougeâtres, disposées en épi très-allongé. V. Coteaux.

Epipactis à grandes fleurs : epipactis grandiflora. Tige nue du bas, feuilles lancéolées, fleurs blanches et jaunâtres. V. Bois.

Epipactis rouge : epipactis rubra. Tige grêle, feuilles lancéolées, fleurs roses. V. Coteaux.

Balisier : canna indica. Tige forte, feuilles larges, fleurs verdâtres. V. Jardins.

Néottia : neottia. Tige droite, feuilles opposées, fleurs d'un jaune verdâtre. V. Prés.

Spiranthe : spiranthes. Tige grosse, feuilles lancéolées, fleurs blanches. V. Montagnes.

Limodore : limodorum. Tige nue, écailles engaînantes, fleurs grandes, d'un violet mêlé de jaune, corolle à 5 divisions. V. Bois.

Malaxis monophylle : malaxis monophyllos. Tige anguleuse, feuilles nulles, fleurs jaunâtres. V. Montagnes.

Famille aristolochiée.

Aristoloche clématite : aristolochia clematis. Tige anguleuse, feuilles cordiformes, fleurs jaunâtres, en tube terminé par une languette, fruit comme une petite pomme. V. Lieux secs. Cette plante est excitante et tonique.

Aristoloche en syphon : aristolochia sypho. Tige ligneuse et volubile, feuilles vastes, fleurs jaunâtres. V. Jardins. Cette belle espèce garnit bien un mur, une tonnelle, etc.

Aristoloche jaune : aristolochia lutea. Tige raboteuse, feuilles cordiformes, fleurs jaunâtres, en grelot. V. Montagnes.

Aristoloche rond : aristolochia rotunda. Tige ligneuse, feuilles arrondies, fleurs pourprées. V. Jardins.

CLASSE XXI. — MONŒCIE.

Les plantes de cette classe sont monoïques, c'est-à-dire que les étamines sont dans une fleur, et les pistils dans l'autre, sur le même individu. Empressons-nous d'ajouter que tous les végétaux (arbres et herbes) des classes qui précèdent celle-ci, sont à fleurs hermaphrodites, autrement dit des deux sexes.

Famille naïadée. (Plantes inondées, à feuilles transparentes et fleurs presque nulles.)

Naïade : nayas. Tiges rameuses, piquantes, transparentes ; feuilles verticillées, fleurs verdâtres, graine arrondie. A. Eaux. Cette plante vient souvent en touffes verdâtres dans le fond des rivières limpides.

Caulinie : caulinia. Tiges submergées, rameuses, transparentes ; feuilles déchiquetées à la base et piquantes au sommet, fleurs peu visibles. A. Eaux.

Zanichellie : zanichellia. Tiges rameuses et articulées à la naissance des feuilles qui sont capillaires, fleurs verdâtres. A. Eaux.

Lemna petite ou Lentille d'eau : lemna minor. Feuilles arrondies et cohérentes par 3, ayant en dessous une racine très-longue ; fleurs rarement apparentes, situées sous les feuilles. A. Cette plante nage sur l'eau où elle forme des nappes de verdure.

On dit qu'elle absorbe la putridité des marécages. Ce qu'il y a de certain, c'est que les canards en sont friands.

Callitric ou Etoile d'eau : callitriche. Tiges flottantes pendant la fleuraison, ou rampantes au bord de l'eau en toute saison ; feuilles variables pour la forme, et nombreuses vers le sommet de la plante, fleurs à 2 pétales d'un blanc sale. A.

Famille typhacée.

Massette à feuilles étroites : typha angustifolia. Tige droite, feuilles allongées, fleurs en chatons. V. Eaux.

Massette à larges feuilles : typha latifolia. Tige très-élevée, feuilles engaînantes, fleurs en longs chatons : la portion mâle couverte d'étamines jaunes, répandant une grande quantité de poudre inflammable, la portion femelle imitant un pompon noirâtre. V. Eaux. Les feuilles de cette plante et celles des deux suivantes servent à fermer les joints des tonneaux.

Massette intermédiaire : typha media. Tige droite, feuilles planes et dépassant la tige, fleurs en chatons allongés. V. Eaux.

Ruban d'eau rameux : sparganium ramosum. Tige

flexueuse, feuilles pliées en gouttière, fleurs en têtes verdâtres, capsules agglomérées en boule. V. Eaux.

Ruban d'eau flottant : sparganium natans. Tige simple, feuilles étroites, fleurs en petits chatons. V. Marais.

Ruban d'eau simple : sparganium simplex. Tige assez élevée, feuilles planes, fleurs en chatons. V. Marais.

Famille graminée. (Portion.)

Maïs ou Blé de Turquie : zea maïs. Tige forte, feuilles engaînantes, fleurs mâles en panicules, fleurs femelles en gros épis. A. Culture. La farine de maïs fait un pain grossier. On l'emploie à préparer une espèce de bouillie appelée gaude, qui est fort bonne à manger. La plante renferme du sucre comme la canne et la betterave, mais en trop petite quantité pour être exploitée sous ce rapport.

Larme de Job ou Larmille des Indes : coix lacryma. Tige anguleuse, feuilles lisses, fleurs blanches, graines colorées, servant à faire des colliers et des chapelets. V. Jardins.

Famille cypéracée. (Portion.)

Carex dioïque : carex dioïca. Tige tranchante, feuilles rudes, fleurs en épi rougeâtre. V. Marais. Cette espèce est souvent dioïque.

Carex paniculé : carex paniculata. Tige dure, feuilles dressées, fleurs rousses, en panicule étalée. V. Prés.

Carex allongé : carex elongata. Tiges nombreuses, feuilles longues, fleurs en épis droits. V. Bois.

Carex précoce : carex præcox. Tige débile et nue, feuilles gazonneuses, fleurs en épis ronds. V. Lieux secs.

Carex humble : carex humilis. Tige basse, feuilles assez longues, fleurs en épi. V. Montagnes

Carex cotonneux : carex tomentosa. Tiges nues, feuilles étroites, fleurs en tête. V. Sables.

Carex gros : carex maxima. Tiges hautes et triangulaires, feuilles larges et engaînantes, fleurs en épis. V. Bois.

Carex des rives : carex riparia. Tiges triangulaires très-élevées, feuilles engaînantes et coupantes, fleurs en épis noirs. V. Bois.

Carex pointu : carex acuta. Tige très-rude, feuilles dentées, fleurs en épis noirâtres. V. Marais.

Carex poilu: carex pilosa. Tiges arrondies, feuilles planes, aiguillonnées en dessous ; fleurs rougeâtres, en gros épis. V. Prés. Les carex sont nombreux. Comme ils ne diffèrent guère que par la taille, nous ne croyons pas devoir décrire toutes les espèces : ce serait fatiguer inutilement nos lecteurs. Au surplus, on les reconnait d'abord à l'enveloppe de leurs graines ; c'est une espèce de capsule nommée urséole.

Famille amentacée. (Fleurs à écailles au lieu de corolles.)

Aune commun : alnus communis. Arbre à feuilles arrondies, fleurs femelles en chatons ovoïdes et résineux, fleurs mâles en chatons allongés. Lieux humides. Le bois d'aune est presque incorruptible dans l'eau ; on en fait des conduits souterrains.

Aune blanchâtre : alnus incana. Arbre à feuilles cotonneuses, et fleurs comme les précédentes. Lieux humides.

Bouleau blanc : betula alba. Arbre à feuilles glabres, fleurs mâles et femelles en chatons. Bois. Les Romains ont employé l'écorce de bouleau pour écrire, en remplacement du papyrus, devenu rare. Les lois de Numa, retrouvées dans la terre troiscents ans après la mort de ce grand roi, étaient bien conservées et très-lisibles.

Bouleau pubescent : betula pubescens. Arbre à feuilles velues, et fleurs en chatons. Lieux humides.

Chêne pédonculé ou Chêne mâle : quercus pedunculata. Arbre à feuilles pinnatifides, fleurs mâles en grappes, fleurs femelles solitaires ou agglomérées ; glands par 2 ou 3 sur un pédoncule commun, symbole de l'hospitalité. Bois. On en voit une variété à feuilles presque piquantes.

Chêne sessile ou Chêne femelle et Rouvre: quercus sessiliflora. Arbre moins grand et à bois plus tendre que le précédent, feuilles lobées et pétiolées, glands nombreux et sessiles. Cette espèce présente deux variétés : le chêne durelin, à feuilles vastes ; le chêne lacinié, à feuilles très-découpées. Nous n'avons pas besoin de signaler la fausse dénomination de chêne mâle ou de chêne femelle. Nos lecteurs sauront bien faire justice à cette erreur populaire.

Chêne pubescent : quercus pubescens. Arbre à feuilles lobées et velues ; glands petits et réunis. Les variétés de cette espèce sont : le chêne noir, à feuilles larges et gros glands ; le chêne incisé, à feuilles petites, sinuées sur le bord et poilue en dessous. L'écorce des trois espèces et variétés ci-dessus, sert à tanner les cuirs ; les excroissances de leurs feuilles produisent l'acide gallique ; leur fruit est une excellente nourriture pour les cochons.

Chêne vert : quercus virens. Arbre à feuilles persistantes, et glands comestibles. Jardins.

Chêne-Liège : quercus suber. Arbre à écorce épaisse, employée à faire des bouchons. Jardins.

Chêne au kermès : quercus coccifera. Arbrisseau toujours vert, à feuilles très-épineuses, nourrissant un petit insecte appelé kermès, qui sert à faire du rouge fin de toutes les nuances. Jardins.

Coudrier ou Noisetier : corylus avellana. Arbre ou buisson à feuilles ovales, fleurs femelles en bourgeons, fleurs mâles en chatons allongés, symbole de la réconciliation. Bois. Les variétés du noisetier se distinguent par la forme de leur fruit : la noisette est longue, la franche est oblongue, et l'aveline ronde

Hêtre ou Foyard : fagus. Arbre à feuilles arrondies, fleurs mâles en chatons, fleurs femelles par 2, symbole de la prospérité. Bois. Ce bel arbre produit un fruit appelé faîne, qu'on emploie à faire de fort bonne huile de table. On cultive plusieurs variétés du hêtre : les unes à feuilles pourpres ou à crêtes ; les autres à feuilles incisées ou panachées. Jardins.

Châtaignier : castanea. Arbre à feuilles allongées,

fleurs mâles en chatons, les femelles dans un calice épineux, symbole de l'équité. Montagnes. La châtaigne est une bonne nourriture. Le bois de châtaignier résiste mieux que le chêne dans la terre, et on peut en faire d'excellents échalas. J'en ai vu qui étaient fichés depuis 25 ans.

Charme : carpinus. Arbre à feuilles glabres, fleurs en chatons, symbole de l'ornement. On en cultive une variété connue sous le nom de charmille. Le bois de charme est très-dur. Plus riche que les autres combustibles ligneux, il dégage, en brûlant, beaucoup d'hydrogène, d'oxygène, de carbone, d'huile empyreumatique et de vinaigre radical. Les gaz forment la flamme, l'huile et le vinaigre se mêlent à la cendre, et le carbone sert de base au charbon.

Platane d'Orient : platanus orientalis. Arbre à écorce annuelle, feuilles presque palmées ; fleurs mâles couvertes d'étamines, fleurs femelles écailleuses. Bords des chemins.

Platane d'Occident: platanus occidentalis. Le tronc de celui-ci est moins uni, ses feuilles sont plus grandes et d'un vert plus foncé. Ces deux beaux arbres sont le symbole du génie.

Famille juglandée.

Noyer : juglans. Arbre à feuilles de 7 à 11 folioles

ovales, fleurs mâles en chatons allongés, les femelles en bourgeons, fruit entouré d'une écorce charnue. Cet arbre, cultivé en France depuis 1500 ans, n'est pas encore bien acclimaté, puisqu'il ne résiste point à nos hivers rigoureux. Ainsi que la plupart des arbres fruitiers, il est originaire de Perse, et nous le devons aux Romains. Les feuilles de noyer sont astringentes, le brou est stomachique, et la noix fournit de l'huile, même pour la table. Les cotylédons sont souvent soudés de manière à faire croire qu'il n'y en a qu'un seul ; souvent aussi on a de la peine à les détacher de leur coquille. Dans ce dernier cas, la noix est dite angleuse.

Vernis de la Chine : ailanthus. Arbre à feuilles de 7 à 15 folioles rougeâtres et allongées, fleurs en chatons verdâtres, fruit comme la noix. Jardins.

Famille euphorbiacée. (Portion.)

Buis toujours vert : buxus sempervirens. Arbuste à feuilles ovales, fleurs jaunes, les mâles à 2 écailles, les femelles à 3, symbole du stoïcisme. Haies. Le bois de buis est sudorifique ; les feuilles sont purgatives.

Buis humble ou Buis à bordures : buxus humilis. Arbuste délicat, à feuilles et fleurs comme les précédentes. Jardins.

Ricin-Main du Christ : ricinus palma christi. Tiges vigoureuses, feuilles larges et palmées, fleurs herbacées. A. Jardins. L'huile de ricin est souvent employée comme purgative, malgré sa qualité vénéneuse. Je crois que MM. les médecins devraient la faire disparaître de leurs formules.

Famille urticée.

Ortie grièche : urtica urens. Tige assez simple et garnie d'aiguillons, feuilles ovales très-piquantes ; fleurs en grappes axillaires, les femelles plus nombreuses, symbole de la cruauté. A. Champs.

Ortie dioïque ou Grande ortie : urtica dioïca. Tige rameuse, aiguillons moins forts que dans l'espèce précédente, feuilles lancéolées et cordiformes; fleurs en grappes branchues et pendantes, les mâles ordinairement sur des pieds séparés, symbole de la méchanceté. V. Haies. On se sert des deux espèces pour exciter la peau dans les maladies soporeuses. Ce remède est appelé urtication.

Ortie romaine : urtica pilulifera. Tige un peu rameuse, feuilles ovales, fleurs en chatons globuleux. A. Champs. L'écorce de toutes les orties est susceptible de faire des tissus. Il y a des pays où l'on mange les jeunes pousses de la grande.

Mûrier blanc : morus alba. Arbre à feuilles ovales et échancrées, fleurs verdâtres, en chatons globuleux, symbole de la prudence. C'est avec les feuilles de ce mûrier qu'on nourrit les vers à soie : aussi le cultive-t-on avec soin. Son fruit est blanchâtre et peu employé.

Mûrier noir : morus nigra. Arbre à feuilles ovales et cordiformes, fleurs en chatons arrondis, les femelles offrant à leur maturité le fruit appelé mûre, qui sert à préparer un sirop rafraîchissant très-employé dans les affections catarrhales de la gorge. Cet arbre est cultivé dans les jardins ; c'est le symbole du dévouement.

Mûrier de la Chine : morus chinensis. Arbre à feuilles larges et épaisses, changeant de forme chaque année ; fleurs verdâtres, fruits arrondis en petites boules soyeuses. Jardins.

Littorelle ou Plantain de moine : littorella. Touffe de feuilles fines et un peu charnues, fleurs verdâtres, à 4 pétales. V. Marais.

Lampourde ou Petit glouteron: xanthium strumarium. Tige branchue, feuilles courtes, cordiformes et cendrées, fleurs sessiles et épineuses, de couleur verdâtre ; fruit hérissé de pointes. A. Lieux humides.

Lampourde épineuse : xanthium spinosum. Tige

rameuse et chargée d'épines jaunes, feuilles un peu lobées, fleurs verdâtres, fruit hérissé. A. Bords des chemins.

Famille amarantée.

Amarante blette : amarantus blitum. Tige couchée, feuilles arrondies, fleurs verdâtres, en grappes. A. Champs.

Amarante sauvage : amarantus sylvestris. Tige rameuse, feuilles ovales, fleurs en grappes vertes. A. Champs.

Amarante sanguine ou Crête de coq : amarantus sanguineus. Tige ferme, feuilles rougeâtres, fleurs imitant des crêtes. A. Jardins.

Amarante-Cordon de cardinal ou Queue de renard : amarantus caudatus. Tige haute et rameuse, feuilles oblongues et rougeâtres ; fleurs très-rouges, en longues grappes pendantes. A. Jardins.

Amarante tricolore ou Tricolor : amarantus tricolor. Tige rameuse, feuilles panachées de vert, de jaune et de rouge ; fleurs verdâtres, en paquets axillaires. A. Jardins.

Amarante hypocondre : amarantus hypochondriacus. Tige haute et branchue, feuilles longuement pétiolées, fleurs pourpres, en gros épis dressés. A.

Jardins. Cette plante se ressème d'elle-même jusque dans les champs.

Amarante-Célosie à crêtes : amarantus celosia cristata. Tige rameuse, feuilles allongées, fleurs rouges ou variées, en têtes aplaties et plissées, symbole de l'immortalité. A. Jardins. Cette espèce est connue des fleuristes sous le nom de passe-velours.

Amarantine globuleuse ou Immortelle violette : gomphrena globosa. Tige branchue, feuilles molles, fleurs d'un rouge bleuâtre ou entièrement blanches, disposées en têtes garnies de bractées scarieuses. A. Jardins. J'ai conservé ces deux dernières plantes à leur ordre naturel, quoiqu'elles appartiennent à la pentandrie, afin de ne pas diviser la charmante famille amarantée. C'est la seule infraction que je me sois permise.

Famille atriplicée. (Portion.)

Cornifle ou Hydre cornue : ceratophyllum demersum. Tige nageante, rameuse, filiforme ; feuilles verticillées, fleurs verdâtres, graine à 3 cornes dont une longue. V. Marais.

Cornifle submergée : ceratophyllum submersum. Tige rameuse, feuilles capillaires, fleurs vertes, graine hérissée. V. Eaux.

Famille cercodianée.

Volant d'eau : myriophyllum spicatum. Tiges flottantes, feuilles pectinées, fleurs herbacées, en épis droits. V. Eaux.

Volant d'eau verticillé : myriophyllum verticillatum. Tiges flottantes, feuilles longues, fleurs axillaires. V. Marais.

Famille alismacée. (Portion.)

Sagittaire ou Flèche d'eau : sagittaria sagittifolia. Tige grosse et spongieuse, feuilles en fer de flèche, fleurs à 5 beaux pétales blancs, marqués d'un point rouge à leur base. V. Eaux.

Famille sanguisorbée.

Sanguisorbe : sanguisorba. Tige anguleuse, feuilles de 9 à 13 folioles, fleurs rougeâtres, en épi court. V. Montagnes.

Pimprenelle : poterium. Tige simple, feuilles de 11 à 15 folioles arrondies et dentées, fleurs rougeâtres, en épi rond. V. Prés. Cette plante sert d'assaisonnement dans les salades ; on préfère celle qui est cultivée.

Famille aroïdée.

Arum taché ou Gouet et Pied de veau : arum maculatum. Tige nue, feuilles hastées, fleurs verdâtres, enveloppées dans une longue spathe ; fruits rouges, disposés en une sorte d'épi nommé spadix, symbole de l'ardeur. V. Haies. La racine de pied de veau est purgative, et on l'emploie comme corrosive dans les engorgements froids des viscères. On s'en sert pour le blanchîment des toiles, et on peut en retirer une fécule amilacée nutritive.

Arum-Serpentaire : arum dracunculus. Tige haute, feuilles vastes, fleurs roulées, pourpres intérieurement et verdâtres extérieurement, symbole de l'horreur. V. Jardins.

Arum Gobe-mouche : arum crinitum. Tige et feuilles marbrées, fleurs très-grandes, vertes en dehors et violettes en dedans, symbole du piège. V. Jardins.

Famille conifère.

Pin sauvage ou Pinéastre et Pin sylvestre : pinus sylvestris. Arbre toujours vert, à tronc droit, rameaux verticillés, écorce roussâtre ; feuilles étroites, réunies par deux ; cônes ou strobiles en pyramide, symbole de la hardiesse. Montagnes. La variété, qu'on appelle pin d'Ecosse ou pin rouge, a des cônes verticillés par 4 ou 5.

Pin de lord Weymouth : pinus strobus. Arbre à feuilles d'un vert léger, cônes grêles et pendants. Jardins.

Pin maritime : pinus maritima. Arbre pyramidal, à rameaux régulièrement verticillés, feuilles longues et 2 à 2 dans une même gaîne, cônes gros et courts. Sables. Cet arbre fournit du goudron, de la poix, de la colophane et de la térébenthine.

Sapin en peigne ou Pesse : pinus picea. Arbre à branches horizontales, tête pyramidale, écorce blanchâtre ; feuilles solitaires et étalées, cônes allongés et redressés. Montagnes. Ce bel arbre est connu sous les noms de sapin des Vosges et de faux sapin. Il fournit de la poix blanche, de la colophane, du noir de fumée et de la térébenthinė.

Sapin élevé : pinus abies excelsa. Arbre majestueux, à rameaux verticillés, souvent étalés et pendants ; feuilles distiques, cônes longs et inclinés, symbole de l'élévation. Montagnes. Le sapin est un bois précieux pour la mâture des vaisseaux.

Cèdre du Liban : pinus cedrus. Arbre commun et monstrueux dans les montagnes de Syrie, mais rare et rabougri en France, symbole de la force. Le bois de cèdre est odoriférant et incorruptible.

Mélèze : pinus larix. Arbre à branches horizontales, feuilles caduques, cônes nombreux, symbole de l'audace. Bois.

Thuya d'Occident : thuya occidentalis. Arbre pyramidal, à branches étalées, ramifications planes, feuilles imbriquées, cônes petits. Jardins.

Thuya de la Chine ou d'Orient : thuya orientalis. Arbre pyramidal, à rameaux relevés, ramifications planes, feuilles imbriquées, cônes raboteux. Jardins. Les deux espèces sont le symbole de la vieillesse. On en cultive des variétés en arbrisseau et en buisson.

Uvette : ephedra. Arbrisseau à tiges vertes et sans feuilles, fleurs jaunâtres, fruit comme une mûre noire. Jardins.

Famille cucurbitacée.

Courge à gros fruit : cucurbita maxima. Tige sarmenteuse, feuilles en cœur, fleurs jaunes très-grandes, à limbe réfléchi ; fruit en sphère aplatie, symbole de la grosseur. A. Culture.

Courge-Citrouille ou Potiron : cucurbita pepo. Cette plante diffère de la précédente par ses feuilles presque lobées, et par ses fleurs non-réfléchies. A. Le fruit de ces deux plantes est alimentaire étant cuit. On en cultive beaucoup de variétés, dont voici les principales : la coloquinte, la coloquinelle ou fausse orange, la cougourdette ou fausse poire, la barbarine, le giraumont, le pastisson, la couronne, l'artichaut de Jérusalem, la calebasse et la pastèque ou melon d'eau.

Concombre-Melon : cucumis melo. Tige sarmenteuse, feuilles cordiformes, fleurs jaunes, fruit ovale ou arrondi, lisse ou rayé. A. Culture. La chair du melon est alimentaire, rafraîchissante, un peu froide même.

Concombre cultivé : cucumis sativus. Tige comme la précédente, feuilles à lobes aigus, fruit allongé. A. Culture. Le concombre est alimentaire étant cuit. On le cueille jeune pour le confire dans le vinaigre, et il prend alors le nom de cornichon. La graine de tous les fruits ci-dessus est huileuse et rafraîchissante.

CLASSE XXII. — DIŒCIE.

Les plantes de cette classe sont dioïques, c'est-à-dire que les fleurs à étamines sont sur un individu, les fleurs à pistils sur l'autre. Les deux sexes ainsi séparés ne produisent ni fruit ni graine, s'ils sont trop éloignés pour pouvoir accomplir l'acte génératif. Il ne faut pas oublier qu'ici seulement se trouvent les végétaux mâles ou femelles.

Famille amentacée. (Portion.)

Saule à une étamine : salix monandra. Arbrisseau à rameaux jaunâtres, feuilles lancéolées, fleurs en chatons cotonneux. Bords de l'eau.

Saule-Osier blanc : salix viminalis. Arbrisseau à branches droites, feuilles lancéolées, fleurs en chatons. Lieux humides.

Saule-Osier jaune : salix vitellina. Arbrisseau à rameaux jaunâtres, feuilles luisantes, fleurs en chatons. Lieux humides.

Saule lancéolé: salix lanceolata. Arbrisseau à feuilles longues et dentées en scie, fleurs comme les précédentes. Marais.

Saule auriculé : salix aurita. Arbre ou buisson à feuilles très-ridées, fleurs en chatons. Cette espèce paraît n'être qu'une variété du saule marceau qu'on trouvera plus loin.

Saule déprimé : salix depressa. Tiges fluettes et rampantes, feuilles oblongues, fleurs en chatons. Marais.

Saule pourpre ou Osier franc: salix purpurea. Arbrisseau à rameaux rougeâtres, feuilles allongées, fleurs en chatons, symbole de la franchise. Lieux humides.

Saule marceau : salix capræa. Arbre ou buisson à rameaux cotonneux, feuilles larges et épaisses, fleurs en chatons courts. Bois.

Saule blanc : salix alba. Arbre à feuilles blanchâtres, aiguës et dentées, fleurs en chatons lâches. Lieux humides. Ce saule se creuse en vieillissant. L'écorce de ses branches est un bon fébrifuge.

Saule fragile : salix fragilis. Arbre à branches très-cassantes, feuilles allongées, fleurs en chatons. Marais. On coupe cet arbre en tête pour lui faire produire d'abondantes boutures.

Saule annulaire : salix annularis. Arbre délicat, à feuilles roulées en spirale, fleurs en chatons. Jardins. Le duvet des chatons de tous les saules peut faire du papier et des tissus.

Saule de Babylone ou Saule-pleureur : salix babylonica. Arbre à branches rabattues, feuilles lancéolées, fleurs en chatons, symbole de la mélancolie. Nous n'avons en France que la femelle du saule-pleureur.

Peuplier blanc ou Peuplier de Hollande : populus alba. Arbre à branches étalées, feuilles alternes, lobées et dentées, fleurs en chatons cylindriques, symbole du temps. Bords des chemins et jardins paysagers.

Peuplier noir ou Bouillard : populus nigra. Arbre à feuilles larges et résineuses, fleurs en chatons grêles, symbole du courage. Les bourgeons de ce peuplier servent à préparer le fameux onguent populeum ; le duvet de ses chatons peut faire du papier et des tissus comme celui des saules. Cet arbre, très-anciennement connu, est planté dans les lieux humides, pour en couper les branches de temps en temps.

Peuplier suisse ou Peuplier de Virginie : populus virginiana. Arbre pyramidal, à écorce lisse, feuilles cordiformes, fleurs mâles seulement. Ce peuplier est d'une croissance très-rapide, atteignant en moins de 25 ans, 70 à 80 pieds de hauteur. On le préfère aux autres, parce qu'il s'accommode de tous les terrains.

Peuplier du Canada : populus molinifera. Cet arbre ressemble au précédent, excepté par ses feuilles qui sont plus larges, et par sa tête qui est ordinairement bifurquée. La France ne possède jusqu'à présent que l'individu femelle.

Peuplier d'Italie : populus fastigiata. Arbre pyramidal très-élevé, à rameaux redressés, feuilles orbiculaires, fleurs mâles seulement. La femelle n'existe pas dans notre pays. Nous ne pouvons donc multiplier cet arbre que par des boutures. On fait de belles avenues avec le peuplier d'Italie.

Peuplier - Tremble : populus tremula. Arbre à branches étalées, feuilles longuement pétiolées et remuant au moindre vent, symbole du gémissement. Les espèces ci-dessus (saules et peupliers) sont très-répandues : on les rencontre partout.

Peuplier-Baumier : populus balsamifera. Arbre à feuilles arrondies, fleurs en petits chatons. Serres chaudes.

Famille éléagnée. (Portion.)

Argousier : hippophaë. Arbrisseau à rameaux et feuilles blanchâtres, fleurs verdâtres, baies rousses se développant sur l'écorce des branches. Jardins.

Galé ou Piment royal : myrica gale. Arbrisseau à feuilles lancéolées, fleurs jaunâtres, les mâles en chatons, les femelles solitaires devenant des drupes ovoïdes. Marais et bois. Cette plante aromatique produit de la cire jaune de bonne qualité.

Gattillier ou Agneau chaste : vitex agnus castus. Arbrisseau à branches effilées, feuilles digitées, fleurs roses ou blanches, en très-longs épis, symbole de la froideur. Jardins.

Famille loranthée.

Gui : viscum. Arbuste à feuilles ovales et fleurs jaunâtres, symbole du parasite. Cette plante vit sur les vieux arbres, surtout sur les pommiers. Nos ancêtres la croyaient propre à guérir les épileptiques. Ses baies sont très-purgatives, et on en retire, ainsi que de l'écorce, une substance utile et connue sous le nom de glu.

Famille urticée. (Portion.)

Chanvre : cannabis. Tige droite, feuilles de 5 à 7 folioles, fleurs mâles en grappes, fleurs femelles en paquets. A. Culture. Qu'il me soit permis de relever une erreur assez générale en France. On appelle femelle le pied de chanvre qui mûrit le premier : c'est le contraire, car la plante qui porte la graine, comme l'animal qui pond les œufs ou qui fait les petits, est toujours la femelle. Cette règle est invariable dans la nature.

Houblon : humulus. Tiges grimpantes, feuilles à 5 divisions, fleurs mâles en grappes, les femelles en têtes écailleuses, symbole de l'injustice. V. Haies. Cette plante est sudorifique, et ses jeunes pousses confites dans le vinaigre sont comestibles. Les fleurs de houblon, particulièrement les femelles, donnent à la bière une grande force et la rendent plus digestive. On cultive la plante en grand pour cet usage, sous la dénomination de vigne du Nord.

Famille asparaginée. (Portion.)

Tame ou Herbe aux femmes battues : tamus. Tige volubile, feuilles cordiformes, fleurs verdâtres, les mâles en grappes, les femelles en bouquets, auxquels succèdent des baies rouges, symbole de l'appui. V. Haies. Cette plante, qu'on employait pour guérir les contusions, est aussi connue sous le nom de sceau de Notre-Dame.

Fragon-Petit houx : ruscus. Arbuste à tige anguleuse, feuilles persistantes très-piquantes, fleurs blanchâtres, placées sur les feuilles ; baies rouges, renfermant des graines qui peuvent remplacer le café. Bois. La racine de petit houx est un bon diurétique. Les jeunes pousses de la plante sont bonnes à manger.

Famille euphorbiacée. (Portion.)

Mercuriale vivace : mercurialis perennis. Tige simple, feuilles lancéolées, fleurs verdâtres, les mâles en grappes, les femelles isolées. V. Bois.

Mercuriale annuelle ou Foirole : mercurialis annua. Tige rameuse, feuilles lancéolées, fleurs mâles nombreuses et disposées en épis, les femelles solitaires ou 2 à 2. A. Partout. Cette plante est laxative et émolliente.

Famille hydrocharidée.

Morène : hydrocharis. Tiges et rejets en touffe sur la surface de l'eau, feuilles en cœur arrondi, fleurs blanchâtres assez grandes. V.

Nélombo : nelumbium. Tiges très-élevées, feuilles vastes, fleurs extrêmement grandes, de couleurs vives et variées, symbole de la sagesse. V. Serres chaudes.

Vallisnérie : vallisneria. Tiges longues, feuilles nombreuses, fleurs blanchâtres, étalées sur la surface des fleuves. V.

Famille cucurbitacée. (Portion.)

Passiflore ou Grenadille et Fleur de la Passion : passiflora. Tige grimpante, feuilles lobées, fleurs grandes, variant dans plusieurs couleurs, offrant dans leur ensemble les instruments de la mort de Jésus-Christ, symbole de la croyance. V. Jardins.

Bryone dioïque ou Couleuvrée et Navet fou : bryonia dioïca. Tige grimpante, feuilles palmées, fleurs d'un blanc sale, baies rouges. V. Haies. La grosse et belle racine de cette plante purge violemment; il serait imprudent d'en faire usage.

Momordique ou Concombre d'âne : momordica. Tige volubile, feuilles cordiformes, fleurs jaunes, symbole de la critique et de la mystification. A. Jardins. Le fruit de la momordique saute avec élasticité quand on le touche.

Famille conifère. (Portion.)

Genevrier commun ou Genièvre : juniperus communis. Arbrisseau toujours vert, à feuilles subulées, disposées par 3 sur des rameaux anguleux; fleurs mâles en petits chatons, fleurs femelles devenant des baies brunes, odorantes, toniques, stomachiques et diurétiques. On peut aussi les brûler dans une cassolette pour purifier l'air des appartements. Le genevrier est le symbole de l'asile et du secours. Il est commun sur les montagnes.

Genevrier de Virginie ou Cèdre de Virginie : juniperus virginiana. Arbre pyramidal, à feuilles inégales, fleurs comme les précédentes, baies bleuâtres d'où découle la sandaraque. Le cèdre de Virginie est préféré au cyprès pour orner les cimetières, parce qu'il résiste mieux à la gelée.

Genevrier-Sabine : juniperus sabina. Arbuste à feuilles fines, fleurs rousses, baies rondes. La décoction de sabine est ectrotique. Heureusement cette plante est rare et peu connue, car elle faciliterait singulièrement le libertinage, et le plus grand crime du monde, l'infanticide.

If : taxus. Arbre branchu et d'un vert sombre, à feuilles persistantes, éparses et pointues, fleurs mâles nombreuses, les femelles peu apparentes, symbole de la tristesse. Jardins. Les jolies baies rouges de cet arbre sont dangereuses. Le bois est employé à faire des ouvrages de marqueterie.

Cyprès : cupressus. Arbre toujours vert, à rameaux en pyramide, feuilles imbriquées, fleurs nombreuses, symbole du deuil et de la mort.

Famille atriplicée. (Portion.)

Epinard à graine épineuse : spinacia spinosa. Tige rameuse ; feuilles sagittées, fleurs verdâtres, graine hérissée. B. Culture.

Epinard à graine sans épines : spinacia inermis. Cette plante diffère de la précédente par ses feuilles plus grandes et par ses graines lisses. B. Culture. Les deux espèces sont alimentaires et de facile digestion.

Famille palmée.

Palmier : palma. Arbre à tronc raboteux, feuilles allongées et imbriquées, fleurs blanchâtres, fruit appelé datte, bon à manger. Serres chaudes. Le palmier est le symbole de la victoire. On assure que le pollen du mâle, emporté par le vent, peut féconder la femelle à plusieurs lieues de distance.

Famille térébenthacée.

Pistachier : pistachia. Arbre à rameaux cendrés, feuilles de 3 à 5 folioles, fleurs écailleuses, fruit rougeâtre, renfermant une grosse amande. Serres chaudes.

CLASSE XXIII. — POLYGAMIE. (MÉLANGE DÉSORDONNÉ DES FLEURS MALES, FEMELLES ET HERMAPHRODITES.)

Famille atriplicée.

Arroche des jardins ou Bonne dame : atriplex hortensis. Tige haute, feuilles larges, fleurs en grappes verdâtres. A. Culture. Cette plante est potagère.

Arroche hastée : atriplex hastata. Tige anguleuse, feuilles en fer de hallebarde, fleurs verdâtres, en grappes. A. Lieux secs.

Arroche à feuilles étroites : atriplex angustifolia. Tige et feuilles pulvérulentes, fleurs en grappes minces. A. Lieux secs.

Arroche des rives : atriplex littoralis. Tiges rameuses, feuilles linéaires, fleurs verdâtres, en épis. A. Bords de l'eau.

Arroche champêtre : atriplex campestris. Tige très-élevée, feuilles grandes, fleurs verdâtres, en panicule. A. Vieux murs.

Famille acérinée.

Erable champêtre : acer campestre. Arbre ou buisson à feuilles trilobées, fleurs verdâtres, en grappes redressées, symbole de la réserve. Haies.

Erable à feuilles d'obier : acer opulifolium. Arbre à feuilles cordiformes et lobées, pétioles rouges, fleurs verdâtres, en cimes pendantes. Bois.

Erable faux platane ou Sycomore : acer pseudoplatanus. Arbre à feuilles pâles, grandes, lobées profondément ; fleurs verdâtres très-petites, en grappes épaisses et pendantes, fruit globuleux, à écailles écartées. Jardins. Le sycomore annonce la pluie par quelques-unes de ses feuilles retournées.

Erable-Plane : acer platanoïdes. Arbre à feuilles jaunâtres plus minces que les précédentes, fleurs dorées et disposées en corymbes abondants, fruit aplati. Les belles fleurs jaunes de cet arbre paraissent avant les feuilles. Quelques jardiniers sont persuadés que le plane est le sycomore, et celui-ci le plane : c'est une erreur de plus à leur reprocher.

Famille urticée. (Portion.)

Pariétaire officinale : parietaria officinalis. Tige pubescente, feuilles ovales, fleurs blanchâtres, étamines irritables au moindre attouchement. V. Vieux murs. Cette plante contient beaucoup de nitrate de potasse, ce qui en fait un très-bon diurétique. On l'emploie aussi en cataplasme pour calmer les douleurs inflammatoires.

Pariétaire de Judée : parietaria judaïca. Cette espèce est plus petite que l'autre, et ses fleurs sont moins nombreuses. V. Lieux secs.

Figuier : ficus. Arbre tortueux, à feuilles larges et palmées, fleurs et graines renfermées dans le réceptacle, qui devient charnu et succulent. Jardins. Il y a des figues de toutes les formes et de toutes les couleurs, d'un goût plus ou moins agréable, mais toujours saines à l'estomac quand elles sont en parfaite maturité. On se sert du suc laiteux du figuier pour ronger et détruire les poireaux des mains. Ce remède est presque toujours infaillible.

Famille colchicacée. (Portion.)

Verâtre blanc : veratrum album. Tige très-forte, feuilles amples et embrassantes, fleurs blanchâtres. V. Jardins.

Verâtre noir : veratrum nigrum. Tige rameuse, feuilles grandes, fleurs noirâtres. V. Jardins.

Famille amentacée. (Portion.)

Micocoulier : celtis. Arbre à feuilles ovales, fleurs blanchâtres, fruit comme une très-petite merise. Jardins.

Famille jasminée. (Portion.)

Frêne élevé : fraxinus excelsior. Arbre à feuilles ailées et composées de 11 à 15 folioles allongées, fleurs verdâtres, disposées en panicules, symbole de la grandeur. Bois. Le frêne suinte de la manne ; son écorce est fébrifuge.

Frêne pendant : fraxinus pendula. Les branches et les rameaux de cet arbre descendent jusqu'à ses racines. Jardins.

Plaqueminier : diospyros. Arbre à feuilles oblongues, fleurs verdâtres, baies jaunes, de la grosseur d'une prune, bonnes à manger étant bien mûres. Jardins. Le plaqueminier est le symbole de la résistance.

Cafier d'Arabie : coffea arabica. Arbrisseau à feuilles ovales, fleurs rougeâtres, baies à deux graines assez grosses. Serres chaudes. C'est un Dervis qui a découvert cette plante en 1460, et c'est seulement en 1690 que les Français ont osé en faire usage; on la regardait comme nuisible à la santé et même comme un poison dangereux. Aujourd'hui le café est estimé aromatique, stomachique, tonique et céphalique. Les Botanistes ne parlent que vaguement de ce divin arbrisseau. Les uns le rattachent aux légumineuses, les autres aux jasminées. Quant à moi, je ne l'ai vu qu'en serre et jamais en fleurs. N'ayant pu constater le nombre de ses étamines pour le classer sûrement, je le place ici d'après le judicieux Bernardin de St-Pierre, qui l'a observé assez souvent dans les champs de l'Asie et de l'Amérique.

FIN DE LA PREMIÈRE PARTIE.

DEUXIÈME PARTIE.

Les plantes qui la composent s'écartent beaucoup des règles ordinaires de la végétation, et on ne peut les étudier qu'à l'aide d'une forte loupe, ou même d'un microscope. Quelques-unes tiennent aux minéraux par la houille, et aux animaux par les zoophytes. Le même enchaînement se fait remarquer d'un bout à l'autre de la création, et spécialement chez les êtres animés, depuis le mollusque jusqu'à l'homme. C'est ainsi que le Tout-puissant a coordonné ses œuvres, afin d'en former la merveille des merveilles : la Nature.

CLASSE XXIV. — CRYPTOGAMIE, C'EST-A-DIRE PLANTES A MARIAGE CACHÉ.

Elles sont toutes acotylédones, se reproduisant par des grains informes ou gongyles, et par des propagules.

Famille characée. (Les plantes de cette famille sont articulées, verticillées, transparentes et fragiles; leur fructification consiste en coques crustacées.)

Charagne vulgaire : chara vulgaris. Tiges rameuses, longues, lisses et gluantes, feuilles cylindriques et comme dentées, fructification rousse. A. Eaux. Cette plante croît si rapidement, qu'elle remplit des bassins en moins de 40 jours.

Charagne cotonneuse : chara tomentosa. Tiges grosses, poudreuses, scabres au sommet, ayant quelques denticules dirigés de haut en bas. A. Eaux.

Charagne fragile : chara fragilis. Tiges raides, articulées et cassantes. A. Eaux.

Charagne délicate : chara delicatula. Tiges très-menues, rameaux capillaires, feuilles nulles. A. Eaux.

Charagne capillaire : chara capillacea. Tiges fines et d'un vert tendre, rameaux soyeux, fructification jaune. A. Marais.

Charagne hispide : chara hispida. Tiges chargées de pointes, feuilles verticillées et très-aiguës. A. Eaux.

Charagne obtuse : chara obtusa. Tiges un peu flexibles, verticilles distants et linéaires. A. Eaux.

Charagne globuleuse : chara globularis. Tiges grêles et pulvérulentes, fruits ronds et sulfureux. A. Eaux.

Charagne flexible : chara flexilis. Tiges luisantes, feuilles verticillées, fruits agglomérés en panicule. A. Marais.

Charagne transparente : chara translucens. Tiges très-longues et presque nues, fructification réunie. V. Marais.

Charagne agglomérée : chara glomerata. Tiges en gazons transparents, rameaux nombreux et verticillés. A. On trouve cette plante dans les ruisseaux tranquilles.

Famille équisitacée. (Les plantes qu'elle renferme ont des tiges articulées, des feuilles étroites ou nulles, des fleurs visibles, et des semences poudreuses.)

Prêle d'hiver : equisetum hiemale. Tige élevée et sans feuilles, collerette noire, fleurs d'un jaune noirâtre, en épi ovale. V. Bois. Cette plante est assez dure et mordante pour polir le bois et les métaux. A Paris, les marchands de couleur en vendent pour cet usage.

Prêle limoneuse : equisetum limosum. Tige nue et presque lisse, collerette verte, fleurs noirâtres, en épi ovale. V. Marais. Les deux espèces ci-dessus n'ont pas de tiges stériles.

Prêle des bois : equisetum sylvaticum. Tiges stériles pourvues de longues feuilles composées, tiges fructifères garnies dans le haut de feuilles courtes et verticillées, fleurs en épi ovoïde. V. Prés.

Prêle des champs ou Queue de cheval: equisetum arvense. Les tiges stériles sont rameuses et anguleuses, les autres sont nues et surmontées d'un épi de fleurs jaunes. V. Partout.

Prêle fluviatile : equisetum fluviatile. Tiges très-hautes, feuilles verticillées, fleurs jaunâtres au bas de l'épi et noirâtres au sommet. V. Prés et bords de l'eau. Il est des personnes qui mangent les jeunes pousses de cette prêle, en guise d'asperges.

Prêle des marais : equisetum palustre. Tige grêle, feuilles verticillées et garnies d'une écaille noirâtre; fleurs jaunes et noires, disposées en épi lâche. V. Bords de l'eau.

Prêle aquatique : equisetum aquaticum. Tige haute, feuilles verticillées, fleurs d'un jaune marqué de noir. V. Eaux.

Famille des fougères. (Ces plantes ont leur fructification en capsules placées sous les feuilles; elles se reproduisent par des propagules.)

Ophioglosse ou Langue de serpent et Herbe sans couture : ophioglossum. Tige grêle et garnie d'une seule feuille sans nervure, capsule en épi. V. Marais. L'ophioglosse est vulnéraire.

Lunaire: botrychium. Tige délicate, pourvue d'une feuille à 8 ou 10 folioles arrondies en croissant, et d'une espèce d'épi. V. Coteaux. La lunaire est vulnéraire.

Osmonde : osmunda. Cette belle fougère, qui s'élève à 5 ou 6 pieds, a des feuilles deux fois ailées ; celles qui portent les capsules sont en forme de grappe et ont pour symbole la rêverie. V. Marais. On emploie l'osmonde dans le rachitisme.

Cétérach: ceterach. Feuilles réunies en faisceaux. Elles sont épaisses, pinnatifides et écailleuses. V. Vieux murs. Cette fougère est pectorale et apéritive.

Polypode de chêne : polypodium vulgare. Tige épaisse et couverte d'écailles brunes, feuilles allongées et pinnatifides, capsules en paquets sur deux rangs. V. La racine de polypode est purgative et désobstruante. On trouve la plante sur les vieux murs et les vieilles souches des arbres.

Polypode-Fougère mâle : polypodium filix mascula. Feuilles très-élevées, folioles longues et laciniées, capsules nombreuses et agglomérées sur le milieu des pinnules, symbole de la sincérité. V. Bois. Cette superbe fougère est employée contre le ver solitaire, et on en fait des couchers pour les enfants délicats ou rachitiques.

Polypode-Fougère femelle : polypodium filix femina. Feuilles élevées sur de forts pétioles, folioles allongées et laciniées, capsules grandes. V. Bois. Cette espèce est facile à distinguer par son feuillage élégant et d'un beau vert.

Polypode royale : polypodium regium. Feuilles allongées, folioles ovales et pinnatifides, capsules rares. V. Vieux murs.

Capillaire blanc : aspidium rhæticum. Feuilles trois fois ailées et pointues, capsules rares et seulement placées aux aisselles des pinnules. V. Bois. On emploie cette plante comme pectorale.

Capillaire noirâtre ou Polytric : asplenium tricomanes. Feuilles en grosse touffe, pétioles noirs, folioles fines, capsules rousses. V. Vieux murs. Ce capillaire est employé dans les maladies de la vessie.

Capillaire noir : asplenium adiantum nigrum. Feuilles assez longues, pétioles pourpres, folioles lancéolées et dentées, capsules alignées, symbole de la discrétion. V. Lieux humides.

Rue de muraille ou Sauve-vie : asplenium ruta muraria. Feuilles en groupes, folioles orbiculaires, capsules agglomérées. V. Vieux murs. On emploie cette fougère dans la phthisie.

Scolopendre ou Langue de cerf : scolopendrium. Feuilles simples, longues et larges, capsules nombreuses. V. Lieux humides. La scolopendre est utile dans les maladies catarrhales et le crachement de sang.

Ptéris-Aigle impériale : pteris aquilina. Feuilles hautes et trois fois ailées, folioles roulées en dessous, capsules rousses très-nombreuses. V. Bois. On se sert de cette fougère pour faire des lits aux enfants rachitiques ou scrofuleux ; on en garnit les corbeilles de fleurs , on en enveloppe les fruits , etc. Sa racine coupée en travers fait voir l'aigle à deux têtes.

Pilulaire : pilularia. Feuilles cylindriques et roulées en spirale , capsules rondes. V. Marais.

Famille lycopodiacée. (Les plantes de cette famille ont le port des mousses , et leur poussière séminale est renfermée dans des coques.)

Lycopode-Herbe aux massues ou Mousse terrestre : lycopodium clavatum. Tiges longues , rampantes et couvertes de feuilles imbriquées , fructification en grosses coques jaunâtres , renfermant du soufre végétal très-inflammable. V. Coteaux. On se sert de cette poudre pour rouler les pilules , pour apaiser les gerçures de la peau , et pour faire des feux d'artifice dans les ballets d'opéra.

Lycopode inondé : lycopodium inundatum. Tige basse , feuilles linéaires , coques semblables aux précédentes. V. Lieux humides.

Lycopode aplati : lycopodium complanatum. Tiges divisées et bifurquées, feuilles aiguës et imbriquées, fructification en épis composés de petites coques et d'écailles frangées. V. Montagnes.

Lycopode-Sélagine : lycopodium selago. Tiges rameuses et compactes, feuilles imbriquées sur huit rangs, fructification globuleuse. V. Montagnes.

Famille des mousses. (Les caractères principaux de ces plantes sont : les pédicelles qui supportent les urnes ou capsules; le péristome qui est le sommet ou orifice de l'urne ; l'opercule ou couvercle du péristome ; et une coiffe qui surmonte l'urne dans sa jeunesse. Les mousses sont toujours vertes, et la plupart fructifient pendant l'hiver.)

Polytric à feuilles de genevrier : polytrichum juniperinum. Tiges raides, feuilles lancéolées, pédicelle un peu plus long que la tige qui le supporte, capsule ovoïde, opercule rouge et à bec recourbé. V. Montagnes. Toutes les mousses ont le secret pour symbole.

Polytric commun : polytrichum commune. Tiges variant de 2 pouces à un pied de longueur, feuilles étalées et dentées, capsules carrées. V. Bois. Cette grande mousse est employée à faire des balais et des brosses.

Polytric à poil : polytrichum piliferum. Tiges basses, feuilles fines et terminées par un poil blanc, capsule ovale, opercule conique. V. Sables.

Polytric urnigère : polytrichum urnigerum. Tiges ramifiées et garnies de feuilles aiguës, capsule cylindrique, coiffe velue, opercule conique. V. Sables.

Polytric à feuilles d'aloès : polytrichum aloïdes. Tiges basses, feuilles épaisses, capsule droite. V. Sables.

Polytric à capsule arrondie : polytrichum subrotundum. Tiges simples, feuilles obtuses, capsule globuleuse. V. Bords des chemins.

Bartramia pomiforme : bartramia pomiformis. Tiges en gazon, feuilles d'un vert jaunâtre, capsule portée sur un pédicelle oblique. V. Sables.

Bartramia en faux : bartramia falcata. Tiges serrées, feuilles pointues et courbées, capsule arrondie et penchée. A. Marais.

Bartramia des fontaines: bartramia fontana. Tiges droites et serrées, très-cotonneuses dans le bas ; feuilles dentées et pointues, pédicelles allongés, capsule assez grosse. V. Bords de l'eau.

Funaire hygrométrique : funaria hygrometrica. Tiges basses et garnies de feuilles concaves, pédicelles très-longs, capsule grande, opercule convexe. V. Vieux murs et champs. La sécheresse tord les pédicelles de cette mousse, et l'humidité les étend. Voilà un hygromètre naturel. Nous avons déjà signalé plusieurs baromètres : bientôt nous ferons connaître un calendrier et une horloge de Flore. Ces remarques sont dignes de fixer l'attention des hommes studieux.

Bryum ou Mnium : bryum triquetrum. Tiges rameuses, feuilles lancéolées, pédicelles très-longs, capsule en forme de poire, couverte imparfaitement par la coiffe. V. Marais.

Bryum des lieux fangeux : bryum tricodes. Tiges en gazon, feuilles linéaires, pédicelle mou, capsules obliques. V. Marais.

Bryum des deux sexes: bryum androgynum. Tiges gazonneuses, feuilles aiguës, capsule cylindrique, opercule conique. V. Montagnes

Bryum des marais: bryum palustre. Tiges longues et couvertes dans le bas d'un duvet roux, feuilles lancéolées, capsule oblique, opercule conique. V. Lieux humides.

Bryum en rosette : bryum roseum. Tiges nues inférieurement, mais garnies de feuilles au sommet;

capsule ovale, opercule convexe. V. Bois.

Bryum en langue : bryum lingulatum. Tiges fortes, feuilles ligulées, capsule oblongue, opercule conique. V. Lieux humides.

Bryum en étoile : bryum stellatum. Tiges simples, feuilles aiguës, disque étoilé, pédicelles allongés, capsule penchée, opercule hémisphérique. V. Bois.

Bryum épineux : bryum spinosum. Tiges diffuses, feuilles assez grandes et épineuses, capsule ovale, opercule conique. V. Bois.

Bryum à long bec : bryum rostratum. Tiges cotonneuses à la base, feuilles dentées, capsule pendante, opercule finissant en bec recourbé. V. Vieux murs.

Bryum ponctué : bryum punctatum. Tiges droites, feuilles larges, capsule ovale, opercule en bec. A. Bois.

Bryum en poire: bryum pyriforme. Tiges en gazon dense, feuilles subulées, capsule en cœur, opercule conique. V. Sables.

Bryum-Argentine : bryum argenteum. Petits gazons luisants, à feuilles imbriquées et terminées par un long poil. V. Vieux murs.

Bryum capillaire : bryum capillare. Tiges en touffe, feuilles terminées par une soie. V. Bois.

Bryum en gazon : bryum cœspititium. Tiges serrées et gazonneuses, feuilles assez grandes, pédicelles rouges, capsule pendante, opercule conique. V. Vieux murs.

Bryum en toupie : bryum turbinatum. Tiges en gazons serrés, feuilles ovales, capsule allongée, opercule convexe. V. Sables.

Bryum pâle : bryum pallens. Gazons délicats et d'un vert jaunâtre. V. Partout.

Bryum ventru : bryum ventricosum. Tiges rouges, feuilles ovales, capsule pendante. V. Marais.

Bryum trompeur : bryum annotinum. Tiges très-basses, feuilles aiguës, capsule oblongue, opercule convexe. V. Sables.

Bryum penché : bryum nutans. Tiges peu visibles, feuilles fines, capsule penchée, opercule mamelonné. V. Sables.

Neckéra : neckera. Tiges rameuses assez faibles, mais longues et disposées sur le même plan, feuilles imbriquées sur 2 rangs opposés et aplatis, capsule légèrement couverte par la coiffe, opercule à long bec. V. Bois.

Neckéra naine : neckera pumila. Tiges plus petites que les précédentes, feuilles imbriquées, capsule fine, opercule arrondi. V. Bois.

Neckéra sarmenteuse : neckera viticulosa. Tiges en large touffe, feuilles imbriquées, pédicilles allongés, capsule cylindrique, opercule en bec. V. Haies.

Fontinale ou l'Incombustible : fontinalis antipyretica. Tiges longues quelquefois de plus d'un pied, formant des touffes flottantes ; feuilles ovales et pliées en nacelle, capsules oblongues, péristome double, coiffe en forme de mitre. V. On trouve cette grande espèce dans les eaux courantes. On s'en sert pour garnir les cheminées de bois, afin de les garantir du feu.

Hypne aplati: hypnum complanatum. Tiges couchées, feuilles sur deux rangs opposés, capsules ovales, couvertes à demi par la coiffe; pédicelles grêles, opercule muni d'une pointe en bec. V. Vieux murs.

Hypne denticulé : hypnum denticulatum. Tiges rameuses, feuilles sur deux rangs opposés, capsule oblongue, opercule conique et pointu. V. Bois.

Hypne arbrisseau : hypnum dendroïdes. Tiges fermes et rameuses, feuilles imbriquées, capsule ovale, opercule courbé. V. Marais.

Hypne queue de renard : hypnum alopecurum. Plante à tiges dures, ramifiées au sommet, ayant, comme la mousse précédente, l'aspect d'un arbrisseau ; feuilles concaves, capsule grosse, opercule courbé. V. Montagnes.

Hypne pur : hypnum purum. Tiges hautes, rameaux ailés, feuilles imbriquées, pédicelles allongés, capsule ovale, opercule conique. V. Prés.

Hypne des murs : hypnum murale. Tiges basses, feuilles droites, capsule penchée, opercule crochu. V. Partout.

Hypne traînant : hypnum serpens. Tiges et rameaux entrelacés, feuilles aiguës, capsule cylindrique, opercule court. V. Haies.

Hypne soyeux : hypnum sericeum. Tiges rampantes et gazonneuses, feuilles subulées, capsule ovale, opercule allongé. V. Vieux murs.

Hypne jaunâtre : hypnnm lutescens. Tiges assez longues, feuilles luisantes, capsule ovale, opercule aigu. V. Champs.

Hypne blanchâtre : hypnum albicans. Tiges et rameaux nombreux, feuilles imbriquées, capsules très-petites, opercule pointu. V. Sables.

Hypne éclatant : hypnum splendens. Tiges tripinnées, fortes, rougeâtres ; feuilles concaves, capsule ovale, opercule en bec. V. Bois.

Hypne prolifère : hypnum proliferum. Tiges comme les précédentes, mais couvertes de duvet. V. Bois.

Hypne queue de souris : hypnum myurum. Tiges à rameaux courbés en arc, feuilles imbriquées, capsule droite, opercule crochu. V. Bois.

Hypne des sapins : hypnum abietinum. Tiges pinnées, feuilles appliquées. V. Bois. Je n'ai pas vu la fructification de cette mousse.

Hypne allongé : hypnum prælongum. Tiges très-déliées et bipinnées, feuilles lâches et étalées, capsule ovale, opercule courbé. V. Bois.

Hypne porte-poil : hypnum piliferum. Tiges couchées, feuilles terminées par une longue pointe ou poil, capsule penchée, opercule conique. V. Bois.

Hypne fourgon : hypnum rutabulum. Tiges couchées, feuilles concaves, capsules grosses, opercule aigu. V. Champs.

Hypne velouté : hypnum velutinum. Cette mousse croît en touffes d'un aspect soyeux. V. Bois.

Hypne fragon : hypnum rusciforme. Tiges rougeâtres, feuilles imbriquées, capsule ovale, opercule en bec allongé et courbé. V. Bords de l'eau.

Hypne strié : hypnum striatum. Tiges rampantes, feuilles denticulées, capsule penchée, opercule oblique. V. Montagnes.

Hypne pointu : hypnum cuspitatum. Tiges pinnées, feuilles ovales, pédicelles longs, capsule assez grosse, opercule conique. V. Marais.

Hypne rude : hypnum squarrosulum. Tiges rampantes, feuilles cordiformes, capsule penchée, opercule aigu. V. Haies.

Hypne hérissé : hypnum squarrosum. Tiges longues, rameaux courts, feuilles larges, capsule ovoïde, opercule rond. V. Lieux humides.

Hypne à bec court : hypnum brevirostrum. Tiges fortes, rameaux recourbés, feuilles concaves, capsule ventrue, opercule à petit bec. V. Bois.

Hypne triangulaire : hypnum triquetrum. Tiges fermes, rameaux en demi cercle, feuilles presque triangulaires, capsule oblongue, opercule droit. V. Bois.

Hypne intermédiaire : hypnum medium. Tiges grêles, rameaux entrelacés, feuilles concaves, pédicelles nombreux, capsule cylindrique, opercule conique. V. Bois.

Hypne atténué : hypnum attenuatum. Tiges rampantes, rameaux arqués, feuilles d'un seul côté. V. Bois.

Hypne changeant : hypnum commutatum. Tiges grandes, rameaux étalés et courbés, feuilles en faucille, capsule penchée. V. Marais.

Hypne crochu : hypnum aduncum. Tiges hautes, rameaux en crochets, feuilles concaves, pédicelles longs, capsule penchée, opercule conique. V. Marais.

Hypne ridé : hypnum rugosum. Tiges longues, rameaux épais, feuilles imbriquées et tournées d'un seul côté, fructification inconnue jusqu'aujourd'hui. V. Coteaux.

Hypne cyprès : hypnum cupressiforme. Tiges très-rameuses, formant des touffes épaisses ; feuilles comme tressées, capsule cylindrique, opercule pointu. V. Bois.

Hypne multiflore : hypnum polyanthos. Tiges basses, feuilles imbriquées, capsule droite, opercule aigu. V. Bois.

Hypne mollet : hypnum molluscum. Tiges couchées, rameaux roulés en crosse, feuilles en faux, capsule ovale. V. Montagnes.

Leucodon : leucodon. Tiges rampantes, rameaux redressés, le tout formant des touffes serrées; coiffe en capuchon, capsule oblongue, opercule conique. V. Bois.

Tortule sans nervure : tortula enerviis. Cette mousse est des plus petites. Elle vient en rosette sur les murs et le long des chemins. A.

Tortule raide : tortula rigida. Tige nulle, feuilles dures, disposées en rosette sur les murs et dans tous les terrains argileux. A.

Tortule enveloppée : tortula convoluta. Petit gazon, avec des feuilles aiguës. V. Bords des chemins.

Tortule tortueuse : tortula tortuosa. Gazon à feuilles allongées et ondulées, garnissant le pied des arbres. V.

Tortule des murs : tortula muralis. Gazon à feuilles étalées et terminées par un poil blanc ; capsule cylindrique, opercule allongé. V.

Tortule des villages : tortula ruralis. Tiges assez grandes, formant des gazons convexes ; feuilles étalées et terminées par un long poil, pédicelles tordus, capsule courbée, opercule long et conique. V. On trouve cette mousse partout.

Tortule en alène : tortula subulata. Tiges courtes, feuilles étalées, capsule droite, opercule allongé. V. Bords des chemins.

Tortule ongle d'oiseau : tortula unguiculata. Tiges en gazon, feuilles à pointes recourbées, pédicelles droits, capsule courte, opercule en bec. V. Vieux murs.

Didymodon purpurin : didymodon purpureum. Tiges rougeâtres et gazonneuses, feuilles carénées, capsule ovale, opercule conique. V. Champs.

Didymodon capillaire : didymodon capillaceum. Tiges en gazon serré, feuilles très-fines, pédicelles nombreux, capsule cylindrique, opercule conique. V. Lieux humides.

Didymodon flexueux : didymodon flexuosum. Tiges réunies en touffe, feuilles allongées, pédicelles déliés, capsule droite, opercule aigu. V. Coteaux.

Didymodon à long bec: didymodon longirostrum. Tiges réunies en gazon serré, feuilles en faux et dirigées d'un seul côté, pédicelles jaunes, capsule ovale, opercule en bec aigu. V. Bois.

Didymodon pâle : didymodon pallidum. Petits gazons jaunâtres, à feuilles capillaires, capsule droite, opercule obtus. A. Bois.

Dicrane verdoyant : dicranum viridulum. Gazons à feuilles rares, capsule ovale, péristome d'un beau rouge. A. Haies.

Dicrane à feuilles d'if : dicranum taxifolium. Tiges simples, feuilles sur deux rangs, capsule droite, opercule aigu. V. Bois.

Dicrane glauque : dicranum glaucum. Tiges assez élevées et disposées en touffes arrondies, feuilles imbriquées, pédicelles très-rouges, capsule penchée, opercule courbé en bec. V. Bois.

Dicrane bâtard : dicranum spurium. Tiges réunies en touffe, feuilles en faisceau, capsule striée, opercule pointu. V. Bois.

Dicrane ondulé : dicranum undulatum. Tiges grandes et rameuses, feuilles allongées et ridées, pédicelles jaunes, capsule forte, opercule finissant en bec. V. Montagnes.

Dicrane en balai : dicranum scoparium. Gazon épais et luisant, surmonté de rameaux feuillés d'un seul côté ; capsule arquée, opercule en bec allongé. V. Bois.

Dicrane unilatéral : dicranum heteromallum. Gazon fin, feuilles tournées d'un seul côté, capsule penchée, opercule en bec très-allongé. V. Bois.

Dicrane varié : dicranum varium. Très-petite mousse à feuilles étroites, capsule droite, opercule court. V. Sables.

Weissia lancéolée : weissia lanceolata. Tiges basses, en gazon rond et serré ; feuilles imbriquées, capsule ovale, opercule conique. V. Vieux murs.

Weissia contestée : weissia controversa. Cette petite mousse rouge a des feuilles étalées, une capsule courbée et un opercule pointu. V. Sables.

Thésanomitrion flexueux : thesanomitrion flexuosum. Petites touffes serrées, à feuilles pointues, pédicelles tortillés, capsule striée, opercule conique, coiffe en forme de mitre. V. Bois.

Eteignoir : encalypta. Tiges simples, feuilles nombreuses et disposées en rosettes oblongues, urne droite, opercule pointu, coiffe conique. V. Coteaux.

Cinclidote : cinclidotus. Cette grande espèce croît au fond des eaux courantes où elle forme des touffes flottantes.

Trichostome blanchâtre : trichostomum canescens. Tiges rameuses, feuilles serrées et recourbées en dehors, capsule droite, opercule fin. V. Sables.

Trichostome unilatéral : trichostomum heterostichum. Tiges diffuses, feuilles lancéolées, capsule oblongue, opercule en bec. V. Montagnes.

Trichostome tortillé : trichostomum funale. Tiges allongées et touffues, feuilles poilues, pédicelle tordu, capsule ovale, opercule conique. A. Coteaux.

Grimmie-Coussinet : grimmia pulvinata. Tiges en touffes rondes et couvertes de poils blancs, feuilles à bords repliés, pédicelles jaunes, capsule ovale, opercule court. V. Vieux murs.

Grimmie africaine : grimmia africana. Cette mousse a l'aspect de la précédente, mais elle est beaucoup plus délicate. V. Vieux murs.

Grimmie à crins blancs : grimmia crinita. Touffes rondes, feuilles terminées par un poil blanc très-fin. V. Vieux murs.

Grimmie sessile : grimmia apocarpa. Tiges en touffe, feuilles imbriquées, capsule latérale, opercule court. V. Vieux murs.

Orthotric irrégulier : orthotrichum anomalum. Touffe arrondie, feuilles roulées en dehors, capsule cylindrique, péristome simple, coiffe rousse. V. Vieux murs.

Orthotric apparenté : orthotrichum affine. Touffe irrégulière , feuilles recourbées , capsule striée , coiffe poilue. V. Vieux murs.

Orthotric nain : orthotrichum pumilum. Gazon court , feuilles en nacelle. V. On trouve cette petite mousse sur les arbres.

Orthotric élégant : orthotrichum speciosum. Touffe jaunâtre , feuilles étalées , capsule ovale , coiffe rouge. V. Elle croît sur les murs , les arbres , les pierres , etc.

Splanc : splachnum. Tiges délicates , feuilles pointues , capsule arrondie. V. Marais.

Gymnostome tronqué : gymnostomum truncatulum. Tiges presqu'invisibles , feuilles étalées , capsule droite , opercule conique , coiffe en capuchon. A. Champs.

Sphaigne à feuilles obtuses : sphagnum obtusifolium. Tiges très-élevées , rameaux grêles , formant des gazons étendus ; feuilles imbriquées , capsules sphériques , coiffe se déchirant en travers. V. Marais. Cette grande mousse forme de la tourbe en quantité.

Sphaigne à feuilles aiguës: sphagnum acutifolium. Tiges de 2 à 10 pouces de longueur , rameaux fins et recourbés par en bas , feuilles très-petites , capsules ovales. V. Marais.

Phasque en alène : phascum subulatum. Tiges nulles, feuilles longues et raides, capsule ovoïde. V. Bords des chemins.

Phasque pointu : phascum cuspidatum. Petites tiges réunies en paquets, feuilles concaves, capsule peu visible. A. Champs.

Phasque courbé : phascum curvicaulum. Tiges nulles, feuilles ovales, capsule ronde. A. Bois.

Famille des hépatiques. (Plantes vertes, membraneuses et rampantes.)

Riccie nageante : riccia natans. Feuilles en petits cœurs, réunies sur la surface des eaux tranquilles, et supportées par de longues radicules noirâtres. V.

Riccie flottante : riccia fluitans. Feuilles planes, plusieurs fois bifurquées et lobées. V. Eaux.

Targionie : targionia. Feuilles garnies de tubercules enracinés sur la terre humide. V.

Sphérocarpe ou Fruit rond : sphærocarpus. Petite plante membraneuse, à folioles en rosette et garnies d'outres ovoïdes, remplies de capsules rondes. V. Sables.

Anthocère : anthoceros. Petite touffe de folioles anguleuses, produisant des capsules linéaires. V. Lieux humides.

Marchantia ou Hépatique des fontaines : marchantia polymorpha. Expansions foliacées, divisées en lobes arrondis où se trouvent des fleurs mâles et femelles un peu visibles, et des capsules à quatre divisions. V. Lieux humides. Cette plante est employée dans les maladies de la poitrine et du foie.

Marchantia conique : marchantia conica. Elle ressemble beaucoup à la précédente, et on la trouve dans les mêmes lieux.

Marchantia à 3 étamines : marchantia triandra. Feuillage étalé et délicat, garni de capsules remplies de grains jaunes. V. Champs.

Jongermanne : jungermannia. Rosette de feuilles dichotomes, tenant faiblement au sol, et dont on ne connaît pas la fructification.

Jongermanne multifide : jungermannia multifida. Feuilles en rosette, folioles fines, capsule allongée. A. Lieux humides.

Jongermanne fourchue : jungermannia furcata. Feuilles divisées en plusieurs segments, pédicules courts, sortant d'un godet évasé. A. Champs.

Jongermanne bidentée : jungermannia bidenta. Cette jolie espèce a des tiges nombreuses, des feuilles distiques et pointues. A. Bois.

Jongermanne trilobée : jungermannia trilobata. Tiges à filets épars, feuilles terminées par trois dents.

V. On trouve cette plante sur les montagnes.

Jongermanne en buisson : jungermannia tomentella. Touffe épaisse, feuilles déchiquetées en tissu fin et spongieux, capsule assez grosse. V. Lieux humides.

Jongermanne des bois : jungermania nemorosa. Touffe de tiges simples, feuilles arrondies, pédicules engaînés. V. Bois.

Jongermanne vernic : jungermannia vernicosa. Les tiges de cette belle espèce sont couchées et pourvue de folioles imbriquées. V. Champs.

Jongermanne dilatée : jungermannia dilatata. Tige très-ramifiée, feuilles imbriquées, fructification inconnue. On trouve cette plante sur les troncs d'arbres et sur les rochers.

Jongermanne lancéolée : jungermannia lanceolata. Tiges fines, folioles d'un vert clair, pédicule engaîné, capsule aiguë. V. Lieux humides. Cette espèce croît par plaques de différentes couleurs.

Jongermanne aquatique : jungermannia aquatica. Tiges couchées et pinnées, fructification invisible. V. Eaux.

Jongermanne doradille : jungermannia asplenioïdes. Tiges en touffe, feuilles grandes et transparentes, capsules terminales. V. Lieux humides.

Jongermanne aplatie : jungermannia complanata.

Tiges rampantes, feuilles imbriquées en dessus, capsules comprimées. V. Elle croît sur les troncs d'arbres.

Jongermanne sarmenteuse : jungermannia viticulosa. Tiges couchées, feuilles sur deux rangs, capsule entourée d'écailles. V. Haies,

Jongermanne grasse : jungermannia pinguis. Expansions foliacées et charnues, qu'on trouve sur la terre humide.

Famille des lichens. (Plantes coriaces, crustacées et membraneuses, de couleur plus ou moins verdâtre, se reproduisant par des gongyles secs.)

Lèpre des antiquités : lepra antiquitalis. Croûte noire, fendillée, adhérente aux statues et aux rochers, qu'elle recouvre parfois entièrement. V.

Lèpre lactée : lepra lactea. Croûte blanche et grenue, appliquée sur les arbres. V.

Lèpre obscure : lepra obscura. Plaques irrégulières, de couleur douteuse, paraissant sur les vieilles poutres. V.

Lèpre jaune : lepra flava. Plaques très-minces, qu'on remarque sur le bois sec et l'écorce des arbres. V.

Coniacarpe olivâtre : coniacarpon olivaceum.

Croûte blanchâtre ou brunâtre, qui vient sur les vieux saules. V.

Coniacarpe noir : coniacarpon nigrum. Pustules arrondies et couvertes de poussière noire, qu'on voit sur le charme. A.

Variole commune : variolaria communis. Plaques arrondies, s'étendant quelquefois sur tout un arbre. V.

Variole d'un blanc jaunâtre : variolaria albo-flavescens. Croûte d'un gris pommelé, paraissant sur les chênes. V.

Bæomice : bæomices. Croûte pulvérulente, à pédicules nombreux, qu'on observe sur la terre argileuse et dans les fentes des rochers. V.

Calicium sulfureux : calicium sulfureum. Croûte jaunâtre et poudreuse, qu'on trouve sur l'écorce des arbres. V.

Patellaire : patellaria. Croûte qui enfonce ses scutelles dans les pierres, et qui finit par les détruire. V.

Rhizocarpe : rhizocarpon. Croûtes de différentes couleurs, qui poussent sur le grès et les pierres siliceuses. V.

Psore vésiculeuse : psora vesicularia. Plante composée d'une couche noirâtre et pulvérulente, portant des tubercules foliacés qui ressemblent à la poudre à canon. V. Champs.

Psore blanche : psora candida. Cette espèce a des tubercules blanchâtres. V. Champs.

Urcéolaire contournée : urceolaria contorta. Croûte formée de verrues grisâtres, et de scutelles brunes, enfoncées dans les roches. V.

Volvaire : volvaria. Croûte grise peu visible, se répandant sur les rochers. A.

Squamme : squammaria. Croûte foliacée très-épaisse sur les bords, ayant des scutelles nombreuses, de couleur brune. V. Champs.

Placodium des murs : placodium murorum. Expansions arrondies, composées de folioles lobées, et de scutelles jaunes très-nombreuses. On trouve cette espèce de lichen sur les roches dures.

Placodium élégant : placodium elegans. Croûte à folioles rayonnantes, scutelles éparses, de couleur rougeâtre. V. Montagnes.

Coléma variable : colema variabile. Croûte un peu gélatineuse, à scutelles arrondies, de couleur brune ordinairement. V. Champs.

Coléma noir : colema nigrum. Taches noires très-adhérentes aux roches. V.

Coléma en faisceau : colema fasciculare. Croûte de folioles imbriquées, qu'on trouve sur le peuplier noir. V.

Imbricaire olivâtre : imbricaria olivacea. Touffe membraneuse et imbriquée, à folioles luisantes, scutelles concaves. V. On la trouve sur les rochers.

Imbricaire de chêne : imbricaria quercina. Touffe en rosette, à folioles arrondies, scutelles éparses, placées au centre de la croûte. V. On rencontre ce lichen sur les grands arbres, plus souvent sur le chêne.

Imbricaire laineuse : imbricaria lanuginosa. Rosette imbriquée, à folioles crénelées, d'un blanc jaunâtre et couvertes de poussière adhérente; scutelles d'un roux brun, à bords un peu roulés en dedans. A. Champs.

Physcie des frênes : physcia fraxina. Touffe cartilagineuse, à folioles élargies, scutelles nombreuses, de couleur grisâtre. V. On trouve la physcie sur les arbres.

Physcie du genevrier : physcia juniperina. Feuillage membraneux et crépu, d'un jaune vif et ponctué de noir. V. Bois.

Lobaria perlé : lobaria perlata. Feuille membraneuse très-divisée, s'élevant quelquefois à près d'un pied, ayant sur ses bords des grains blancs. V. On trouve ce beau lichen sur les arbres et les rochers.

Lobaria-Pulmonaire de chêne ou Thé des Vosges : lobaria pulmonaria. Feuilles cartilagineuses assez grandes, formant un réseau de folioles d'un roux fauve. V. Ce lichen, commun sur les vieux arbres, est pectoral et béchique.

Lobaria en herbe : lobaria herbacea. Feuilles épaisses et lobées, de couleur verdâtre ; scutelles nombreuses, concaves, d'un roux foncé dans le disque. On rencontre ce lichen parmi les mousses. V.

Sticta des bois : sticta sylvatica. Feuilles membraneuses, lobées et incisées, d'un vert brun en dessus et couvertes de grains noirs en dessous ; scutelles en bouclier. V. Ce lichen, qui sent très-mauvais, est abondant parmi les mousses des bois.

Peltigera veineuse : peltigera venosa. Feuilles coriaces très-écartées, marquées de veines rousses ; scutelles horizontales et arrondies. V. Bois.

Peltigera des chiens : peltigera canina. Feuilles lobées, imitant celles de chêne ; scutelles rousses, sans bordure, placées horizontalement. V. Ce lichen est commun sur le bord des fossés des bois.

Néphroma : nephroma. Feuilles incisées, d'un vert roux en dessus ; scutelles brunes très-grenues. V. Champs.

Solorine : solorina. Feuilles en rosette, scutelles vésiculeuses. V. On trouve ce lichen avec les mousses.

Ombilicaire : umbilicaria. Feuilles plissées et

ponctuées de noir, scutelles convexes. V. Montagnes.

Lasallie : lasallia. Feuille grande et marquée de bosselures blanchâtres, scutelles éparses et sans bordure. V. Bois. La feuille de ce beau lichen a quelquefois deux ou trois pouces de diamètre.

Endocarpe : endocarpon. Feuilles ondulées, scutelles invisibles à l'œil nu. V. Montagnes.

Isidium : isidium. Croûte épaisse, sans feuilles apparentes, qu'on rencontre sur les rochers. V.

Sphérophorus globuleux : sphærophorus globiferus. Tige ligneuse et branchue, imitant un petit arbre. V.

Sphérophorus en gazon : sphærophorus cœspitosus. Tiges nombreuses et serrées, formant une espèce de pelouse sèche. Ces deux plantes sont communes sur les rochers.

Stéréocaulon : stereocaulon. Tige solide, tortueuse et chargée de grains semblables à des feuilles avortées. V. Sables.

Corniculaire : cornicularia. Tige en petit buisson épineux, de couleur grise. V. Ce lichen croît parmi les gazons. On le sent craquer sous les pieds, lorsqu'on marche dessus.

Usnéa : usnea. Tige ferme, rameaux capillaires, scutelles larges et bordées de cils rayonnants. V.

On trouve ce lichen sur les arbres.

Cladonie : cladonia. Tige consistante , folioles crénelées , scutelles nulles. V. Cette espèce est fréquente dans les pelouses sèches.

Scyphophorus : scyphophorus. Feuilles radicales très-fines , au-dessus desquelles s'élèvent des tiges garnies de grains rouges. V. Vieux murs.

Famille des hypoxilons. (Plantes subéreuses et cornées , se perpétuant par des gongyles.)

Rhizomorpha fragile : rhizomorpha fragilis. Rameaux noirs et cassants , qui se forment sous l'écorce des arbres ou dans les souterrains. V.

Rhizomorpha intestine : rhizomorpha intestina. Filaments aplatis , qui croissent dans l'intérieur même du bois. V. On en trouve une variété exactement semblable à un crin de cheval.

Xypoxilon militaire : xypoxilon militare. Plante jaune , à tige mince du bas et arrondie en pilon au sommet. V. Bois.

Xypoxilon digité : xypoxilon digitatum. Tige rameuse et raboteuse , noire en dehors et blanche en dedans. V. On trouve cette plante sur le bois mort.

Sphéria épineuse : sphæria spinosa. Plaques noires, anguleuses et coriaces, qui vivent sur les arbres morts. V.

Sphéria agglomérée : sphæria glomerata. Tubercules de couleurs variées, qu'on trouve sur le bois. V.

Hypoderme : hypoderma. Pustules de différentes couleurs, se reproduisant sans cesse sur certains végétaux.

Verrucaire : verrucaria. Croûte blanche ou d'une autre couleur, qu'on observe sur l'épiderme des arbres.

Les plantes qui nous restent à examiner ne sont pas assez connues pour qu'on puisse tenir note de leur durée.

Famille des tuberculaires. (Plantes consistant en tubercules charnus ou durs, jamais pulvérulents, et ne s'ouvrant point comme les champignons, avec lesquels plusieurs Botanistes les ont confondus.)

Truffe : tuber. Masse arrondie et charnue, qui croît dans la terre sans tige ni racines. Ce tubercule, si recherché aujourd'hui, n'a été mis en usage à Paris qu'en 1767. Cependant la France en produisait, et les Romains savaient bien les y trouver dès les premiers siècles de notre ère.

Tuberculaire vulgaire : tubercularia vulgaris. Petits boutons irréguliers, du volume d'un grain de millet et d'un beau rouge, qui croissent sur les branches mortes ou mourantes de tous les arbres.

Tuberculaire noirâtre : tubercularia nigricans. Grains lenticulaires, qui paraissent sur le bois mort.

Tuberculaire rose : tubercularia rosea. Globules rouges, qui croissent sur les lichens.

Ergot : sclerotium clavus. Production cornée, qui remplace la graine de seigle ou de tout autre céréale. L'ergot est malfaisant ; le pain qui en contiendrait une certaine quantité pourrait occasionner des maladies sérieuses, des gangrènes, et même la mort.

Erysiphe : erysiphe. Poussière globuleuse, qui couvre le dessous des feuilles de noisetier et de peuplier.

Rhizoctonia-Mort du safran : rhizoctonia crocorum. Tubercules rougeâtres, qui s'attachent aux ognons du safran, pour y pomper le suc vital.

Rhizoctonia de la luzerne : rhizoctonia medicaginis. Tubercules pourpres, qui croissent sur les racines de la luzerne ou de tout autre plante. Ce végétal parasite fait beaucoup de tort aux cultivateurs.

Famille lycoperdonnée. (Les plantes qui la composent sont mucilagineuses ou subéreuses, toujours privées de la couleur verte, se reproduisant par des gongyles sous forme de poussière.)

Lycoperdon-Truffe des cerfs ou Truffe jaune: lycoperdon cervinum. Tubercule assez gros, semblable à la vraie truffe, et comme elle, vivant dans la terre sans racines ni tige. Cette fausse truffe serait pernicieuse aux hommes; mais les cerfs en font grand cas dans le temps du rut.

Lycoperdon orangé : lycoperdon aurantium. Espèce de gros champignon rond, qui durcit sur place et qu'on retrouve l'année suivante. Bois.

Lycoperdon gigantesque ou Vesse-loup. Masse arrondie, à chair d'abord blanche, ensuite noirâtre et poudreuse, tenant à la terre par une très-petite racine. On en trouve une variété de forme moins ronde, et qui est attachée par une grosse racine.

Lycoperdon à mamelon : lycoperdon mammosum. Ce lycoperdon, aussi grand que les deux précédents, est taillé en mamelle. Champs.

Lycoperdon des prés : lycoperdon pratense. Celui-ci est aussi en mamelle, mais tout petit.

Gastrum hygrométrique : gastrum hygrometricum. Plante globuleuse et d'un brun roux, se divisant en 6 ou 8 rayons blanchâtres. Bois. Cette plante se recoquille en dehors lorsqu'il fait sec, et en dedans pendant l'humidité, d'où lui vient son nom spécial.

Tulostoma pédonculé : tulostoma pedunculata. Petite plante blanchâtre, à pédicule creux, et péridium globuleux. Vieux murs.

Onigène : onigena. Cette espèce n'est pas plus grosse qu'une tête d'épingle. Lieux secs.

Pilobole : pilobolus. Celle-ci ressemble à une moisissure. Elle croît sur la fiente de cheval.

Gymnosporangium conique : gymnosporangium conicum. Groupes de filaments placés entre l'épiderme et l'écorce des végétaux.

Urédo en écusson : uredo scutellata. Pustules arrondies, dont la poussière brune couvre les feuilles de l'euphorbe cyprès, qu'elle empêche de fleurir.

Urédo des fèves : uredo fabæ. Poussière brune, qui détruit les plantes légumineuses, particulièrement la fève de marais.

Urédo de la pervenche : uredo vincæ. Pustules brunes, placées sous les feuilles de la grande pervenche.

Urédo de la bette : uredo betæ. Pustules rousses, qui se manifestent sur les feuilles de betterave, et en général sur les feuilles des herbes.

Urédo-Charbon ou Nielle : uredo carbo. Poussière noire, qui détruit les graminées, surtout l'avoine, l'orge, et même le blé.

Urédo du maïs: uredo maïadis. Ce charbon forme quelquefois des tumeurs de la grosseur d'une prune.

Urédo-Carie : uredo caries. Poussière noire très-déliée, invisible à l'œil nu, prenant naissance dans le grain de blé, qu'elle infecte. La carie se perpétue par la semence ; le chaulage ne peut en préserver.

Urédo des saules : uredo salicis. Cet urédo attaque les feuilles et les pétioles du saule.

Urédo du tussilage : uredo tussilaginis. Taches jaunes, qu'on observe sur les feuilles de pas d'âne.

Urédo du séneçon: uredo senecionis. Taches orangées, qui attaquent les feuilles de séneçon. Enfin, l'urédo se répand sur tous les végétaux, qu'il ronge et empoisonne.

Urédo-Rouille : uredo rubigo. Pustules ou taches qui s'étendent sur les feuilles des graminées dans les années humides, et qui en empêchent le développement. Cette maladie diminue la qualité et le volume du grain.

Puccinie : puccinia. Taches arrondies, qui croissent sous l'épiderme des végétaux. On en trouve aussi sur l'épiderme de plusieurs plantes, telles que l'asperge, l'œillet, la lychnide, la centaurée, le buis, etc.

Roestèle : roestelia. Agglomération de petits tubercules sur les jeunes pousses de poirier, de néflier et d'aubépine. Les feuilles qui en sont attaquées se boursouflent bientôt, se fanent, tombent avant la fin de la saison, et entraînent la perte de l'arbre.

Mucor-Moisissure : mucor mucedo. Pédicules simples et nombreux, de couleur variable selon la substance qui les fait naître. La moisissure pousse sur tous les corps fermentescibles.

Mucor herbariorum. Cette moisissure attaque le vieux pain et lui donne un très-mauvais goût.

Diderme : diderma. Plaques granulées, qui se manifestent sur les souches des arbres, et dont les grains ressemblent au mil.

Réticulaire : reticularia. Houppe poilue, attachée aux jeunes branches, qu'elle fait périr.

Réticulaire rosée : reticularia rosea. Petite masse frangée, qui pousse sur les vieux arbres.

Réticulaire jaune : reticularia lutea. Globules charnues, rassemblées sur la terre spongieuse.

Réticulaire des jardins : reticularia hortensis. Cette espèce, qui acquiert le volume d'un œuf, croît sur le fumier et dans les bois.

Réticulaire charnue : reticularia carnosa. Celle-ci ressemble à une très-petite truffe. Elle croît parmi les mousses.

Lycogale : lycogala. Masses arrondies et pulpeuses, du volume d'une cerise, qu'on voit sur les troncs morts.

Famille des champignons. (Plantes mucilagineuses, fongueuses ou subéreuses, garnies de globules qui renferment les gongyles propagateurs.)

Byssus blanc : byssus candidum. Filaments appliqués sur les vieilles feuilles, ou sur le bois mort tombé à terre.

Byssus gigantesque : byssus gigantea. Filaments feutrés, qui remplissent quelquefois les fentes des vieux arbres.

Monile : monilia. Filaments agglutinés sur les fruits qui se décomposent, ou sur les viandes cuites depuis long-temps.

Botrytis : botrytis. Tige très-rameuse, formant une touffe sur les matières décomposées.

Pézize : peziza. Pédicule grêle, terminé par une petite soucoupe de la grandeur d'une lentille. On trouve ce champignon sur le fumier de cheval.

Pézize aquatique : peziza aquatica. Capsules planes et d'un rouge vif, qu'on voit souvent dans les conduits souterrains.

Pézize clandestine : peziza clandestina. Champignon presqu'invisible, qui croît sur les amas de feuilles mortes.

Pézize cériforme : peziza ceriformis. Cette espèce est grande. Son pédicule est gros et creusé en coupe. Bois.

Pézize tubéreuse : peziza tuberosa. Pédicule jaune, surmonté d'une coupe évasée. Ce champignon croît dans les champs.

Pézize rouge : peziza coccinea. Cette espèce a un pédicule droit et un chapeau rabattu. On la trouve dans tous les bois.

Pézize laineuse : peziza lanuginosa. Elle se distingue assez par ses longs poils.

Pézize vésiculeuse : peziza vesiculosa. Ce champignon, assez grand et variable pour la couleur, croît sur les fumiers des champs.

Pézize-Oreille de Judas : peziza auricula. Cette grande espèce croît sur les vieux sureaux. On l'emploie, infusée dans le vin, contre les hydropisies et les inflammations de la gorge.

Pézize tremelle : peziza tremella. Pédicule court,

terminé par une surface rouge. Cette pézize est commune sur les vieilles souches des bois.

Pézize gélatineuse : peziza gelatinosa. Pédicule latéral, très-évasé au sommet. Elle croît sur le bois mort.

Pézize noire : peziza nigra. Ce champignon se distingue à sa couleur et à son élasticité. Sa forme est conique, tandis que toutes les autres pézizes sont planes. On la trouve sur les pièces de bois de construction.

Tremelle : tremella. Expansion gélatineuse de différentes couleurs, qui croît sur l'écorce des végétaux et sur les fruits qui se pourrissent.

Helvelle sans tige : helvella acaulis. Champignon très-coriace, qui vient parmi les mousses des bois.

Helvelle élastique : helvella elastica. Pédicule long, chapeau mince et divisé en trois. Si on coupe le pédicule suivant sa longueur, les bords séparés se roulent comme ferait la gomme élastique.

Helvelle mitrée : helvella mitra. Pédicule très-gros, chapeau imitant une mitre. Bois.

Helvelle gélatineuse : helvella gelatinosa. Pédicule fistuleux et ventru à la base, chapeau vésiculeux, rempli d'une liqueur épaisse.

Clavaire ferrugineuse : clavaria ferruginea. Massue

à chair ferme, se fendant au sommet dans sa vieillesse. Bois.

Clavaire cylindrique : clavaria cylindrica. Pédicule grêle, terminé par une massue blanche. Champs.

Clavaire bifurquée : clavaria bifurca. Tige droite, creusée longitudinalement et fourchue au sommet. Bois.

Clavaire-Menottes ou Tripettes : clavaria coralloïdes. Cette espèce, qui est un des champignons les plus sûrs à manger, croît sur la terre dans les bois ; elle est fragile, ses rameaux sont arrondis, sa couleur est jaune ou blanche.

Clavaire cendrée ou Menottes grises : clavaria cinerea. Celle-ci ressemble à une chicorée blanchie à la cave. Elle croît en groupes considérables, quelquefois du poids de plusieurs livres. C'est un manger très-délicat. Bois.

Clavaire laciniée : clavaria laciniata. Rameaux frangés, qui s'attachent aux mousses des bois.

Clavaire coriace ; clavaria coriacea. Plante semblable à du cuir mouillé. Tiges et branches frangées, formant une touffe noirâtre sur la terre.

Clavaire cotonneuse : clavaria tomentosa. Tige ramifiée, entièrement couverte de duvet court qu'on observe à l'intérieur même, si l'on déchire la plante. Elle croît dans les grottes.

Auriculaire : auricularia. Expansion coriace, sessile, irrégulière, attachée soit par le côté, soit par le dos, sur l'écorce des vieux arbres.

Auriculaire ferrugineuse : auricularia ferruginea. Plante coriace, de couleur rousse, vivant longtemps sur les vieilles souches.

Hydne-Tête de Méduse : hydnum caput medusæ. Pédicule court, épais et charnu, terminé par une multitude de branches. On trouve ce singulier champignon sur le bois mort.

Hydne rameuse: hydnum ramosum. Grosse masse sessile et ramifiée, ressemblant à une tête de choufleur. Elle croît dans les arbres creux.

Hydne hybride : hydnum hybridum. Pédicule gros et court, chapeau creusé en entonnoir. Bois.

Hydne imbriquée: hydnum imbricatum. Pédicule élevé et charnu, chapeau large et écailleux, de couleur brune.

Bolet hépatique : boletus hepaticus. Pédicule court ou nul, chair molasse, ressemblant à un morceau de foie ou à une grosse éponge. Bois.

Bolet rameux : boletus ramosus. Celui-ci est très-divisé et très-coriace.

Bolet de plusieurs couleurs : boletus versicolor. Champignon coriace, attaché par le côté et formant des étages sur les vieux arbres.

Bolet d'une seule couleur : boletus unicolor. Il est plus grand que le précédent, sa surface est unie, sa couleur est grise.

Bolet écarlate : boletus coccineus. Plaque dure et subéreuse, attachée par le côté sur l'écorce des merisiers.

Bolet faux amadouvier : boletus pseudo-igniarius. Plaque énorme, attachée par le côté sur les vieux chênes. Ce champignon rougeâtre est toujours humide.

Bolet-Agaric de chêne : boletus ungulatus. Cette grande espèce est très-coriace et même un peu ligneuse. Elle s'augmente chaque année d'une couche nouvelle de tubes. On la récolte sur les vieilles souches des arbres pour en faire de l'amadou.

Bolet - Amadouvier : boletus igniarius. Grosse masse semi-orbiculaire de couleur tannée, à couches superposées et tubes réguliers, servant à préparer l'amadou, à conserver le feu, à le transporter, et à faire une bonne couleur noire. On trouve ce champignon monstrueux sur les arbres.

Bolet odorant : boletus suavolens. Ce champignon rougeâtre croît sur les vieux saules. On en fait une espèce de pâte pour les phthisiques.

Bolet de saule : boletus salicinus. Cette espèce est

inodore. Elle s'enfonce dans l'écorce pour pomper la substance nutritive des arbres, et particulièrement du saule.

Bolet imbriqué : boletus imbricatus. Il pèse quelquefois jusqu'à 50 livres ; ses lames sont minces et imbriquées, ses tubes sont roux et cassants. On le voit à des hauteurs prodigieuses sur quelques vieux chênes.

Bolet hispide : boletus hispidus. Ce champignon est garni de poils raides ; sa couleur est jaune ou rouge, et il renferme une liqueur semblable au sang. Il croît sur les pommiers.

Bolet-Oreille de noyer : boletus juglandus. Celui-ci a un pédicule écailleux très-court, terminé par un large plateau blanc, bon à manger. Il est commun sur les noyers.

Bolet vivace : boletus perennis. Pédicule surmonté d'un chapeau plat, luisant et doux au toucher. Champs.

Bolet de bouleau : boletus betulinus. Cette grande espèce est demi-orbiculaire, sa chair est blanche, ses tubes sont poreux.

Bolet doux ou Cèpe et Gyrole : boletus edulis. Pédicule cylindrique ou ventru, blanc ou fauve ; chapeau épais, large, voûté ; chair variable pour la couleur, mais toujours bonne à manger. Bois.

J'ignore pourquoi les Parisiens ne font pas usage de ce beau et bon champignon. Les Périgourdins le coupent par morceaux, le sèchent pour l'hiver, et s'en nourrissent abondamment toute l'année.

Bolet-Bluet : boletus cyanus. Pédicule charnu, chapeau épais et convexe. Ce champignon gris devient bleu quand on le coupe. Aux yeux du public, ce changement le fait passer pour vénéneux.

Bolet scabre : boletus scaber. Pédicule hérissé comme une râpe, s'élevant assez haut ; chapeau presque globuleux, chair fauve, devenant rouge lorsqu'on l'entame.

Bolet-Roussile ou Gyrole rouge : boletus aurantiacus. Pédicule hérissé, cylindrique ou ventru ; chapeau convexe, fauve ou orangé ; chair blanche, bonne à manger. Bois.

Bolet poivré : boletus piperita. Pédicule grêle, chapeau rond, chair ferme et d'un jaune soufré.

Bolet annulaire : boletus annularius. Pédicule entouré d'un rebord, chapeau convexe, chair blanche, ferme et épaisse. Lieux humides.

Mérulius-Chanterelle : merulius cantharellus. Pédicule plein, se dilatant en chapeau irrégulier et déchiqueté. Ce champignon a une odeur agréable, et se mange en quantité dans plusieurs contrées ; on le trouve dans les bois et les prés montueux.

Mérilius à pied noir : merilius nigripes. Cette espèce, qui n'est pas comestible, se distingue par un long pédicule noirâtre.

Mérilius jaunâtre : merilius lutescens. Pédicule renflé à la base, chapeau jaune et brun, sinueux sur le bord et déprimé au centre. Ce champignon est commun sur la terre après la pluie.

Mérilius larmoyant : merilius lacrymans. Celui-ci, qui atteint des dimensions considérables, détruit les poutres des maisons humides. Il paraît en plaques jaunâtres.

Mérilius onduleux : merilius undulatus. Pédicule évasé en un chapeau à bords sinués et frangés. Champs.

Agaric des chênes : agaricus quercinus. Masse coriace, appliquée sur les vieux chênes, et surtout sur les vieilles poutres.

Agaric tricolore : agaricus tricolor. Chapeau sessile, attaché par le côté et varié de trois couleurs. Il croît sur les bouleaux.

Agaric glanduleux : agaricus glandulosus. Pédicule court, feuillets inégaux et velus, chapeau brun très-large. Ce champignon est agréable au goût et à l'odorat ; on le rencontre sur les vieux arbres.

Agaric en forme de pétale : agaricus petaloïdes.

Pédicule plein, chapeau vertical, feuillets inégaux. Champs.

Agaric inconstant : agaricus inconstans. Pédicule latéral, s'évasant en un large chapeau semblable à une coquille. Coteaux.

Agaric palmé : agaricus palmatus. Groupes adhérents aux poutres et aux troncs.

Agaric pectiné : agaricus pectinaceus. Pédicule rond, chapeau irrégulier, assez grand et à feuillets égaux. Bois.

Agaric poivré: agaricus piperitus. Pédicule creusé par les limaces, chapeau large et crénelé. Bois.

Agaric sanguin : agaricus sanguineus. Pédicule épais et strié, s'évasant en un chapeau rouge. Ce champignon est caustique et dangereux. Bois.

Agaric âcre : agaricus acris. Pédicule aussi épais que long, chapeau à feuillets nombreux et inégaux. Cet agaric, commun dans les grands bois, a un suc laiteux très-piquant, ce qui n'empêche pas de le manger cuit sur le gril.

Agaric délicieux : agaricus deliciosus. Pédicule jaune, ferme, épais et long; chapeau réfléchi sur les bords, feuillets pâles, répandant, quand on les déchire, une liqueur rouge très-douce. On dit que ce champignon est bon à manger. Je pense, moi, qu'il faut s'en défier, ainsi que de tous les agarics laiteux.

Agaric typhoïde : agaricus typhoïdes. Chapeau en éteignoir très-grand, couvert d'écailles imbriquées comme les tuiles d'un toit ; feuillets prolongés sur le pédicule. Quand ce champignon est vieux, il répand une odeur cadavéreuse.

Agaric-Ephémère : agaricus ephemeroïdes. Chapeau ovoïde ou plat, déchiré sur les bords ; feuillets étroits et recouverts d'une membrane qui s'étend sur le pédicule. Cette espèce fragile croît sur les fumiers.

Agaric à larmes abondantes : agaricus lacrymabundus. Chapeau campanulé, feuillets couverts de gouttes noirâtres. Champs.

Agaric cendré : agaricus cinereus. Chapeau transparent, feuillets nombreux, pédicule long. Ce champignon est commun dans les prés parmi les bouses de vache.

Agaric-Eteignoir : agaricus extinctorius. Pédicule mou, chapeau frangé, feuillets laciniés. On trouve l'éteignoir sur le fumier.

Agaric digité : agaricus digitaliformis. Petit champignon à pédicule creux, chapeau en forme de dé à coudre, poussant par milliers au pied des vieux troncs d'arbres.

Agaric papillonacé : agaricus papillonaceus. Pédicule allongé, chapeau en dôme, feuillets larges et tachetés comme les ailes d'un papillon. Jardins.

Agaric aqueux : agaricus aquosus. Chapeau strié sur les bords, feuillets inégaux et fragiles, pédicule rameux à la base. Bois.

Agaric campanulé : agaricus campanulatus. Chapeau en cloche parfaite, feuillets arqués, pédicule élancé. Champs.

Agaric semi-orbiculaire : agaricus semi orbicularis. Chapeau hémisphérique très-luisant, feuillets nombreux, grisâtres ou jaunâtres ; pédicule cylindrique et fistuleux. Bords des chemins.

Agaric poudreux : agaricus pulverulentus. Chapeau assez grand, feuillets nombreux et couverts d'une poussière rousse, pédicule fistuleux. Ce champignon croît en touffe sur les troncs pourris ; il est amer et très-désagréable au goût.

Agaric noirâtre : agaricus nigricans. Chapeau régulier ou irrégulier, selon l'âge de la plante ; feuillets grands et épais, pédicule gros et court. Bois.

Agaric azuré : agaricus cyanus. Chapeau globuleux, feuillets inégaux, pédicule bleuâtre comme le chapeau. Bois.

Agaric champêtre : agaricus campestris. Pédicule plein, chapeau blanc, feuillets rosés. Ce champignon est comestible ; il croît partout et toujours.

Agaric-Champignon cultivé : agaricus sativus.

Chapeau sphérique ou convexe, feuillets recouverts d'une membrane qui, en se déchirant, forme l'anneau autour du pédicule. Jardins.

Agaric alliacé : agaricus alliaceus. Chapeau plane, feuillets roux, pédicule long. Bois. On le reconnaît à son odeur forte.

Agaric fistuleux : agaricus fistulosus. Chapeau convexe, feuillets inégaux, pédicule creux. Bois.

Agaric-Adonis : agaricus adonis. Chapeau en cloche luisante, feuillets blancs, pédicule gros du bas et mince au sommet. Bois.

Agaric clou : agaricus clavus. Chapeau comme un clou d'épingle, feuillets délicats, pédicule fin. Champs.

Agaric pygmée : agaricus pygmeus. Son nom indique assez sa taille. Il croît sur le bois mort.

Agaric ombiliqué : agaricus umbilicatus. Chapeau régulier, toujours convexe, à centre concave en dessus ; feuillets larges, inégaux et prolongés sur le pédicule, qui est fistuleux. Bois.

Agaric couleur d'ardoise : agaricus ardosiaceus. Chapeau en cloche, feuillets larges, pédicule fistuleux. Prés.

Agaric mou : agaricus mollis. Chapeau infundibuliforme très-peu consistant, feuillets étroits, pédicule épais. Champs. Ce champigeon exhale, étant vieux, une odeur putride insupportable.

Agaric contigu : agaricus contiguus. Chapeau épais et qui paraît être la continuation du pédicule. Bois.

Agaric vineux: agaricus vinosus. Chapeau convexe, feuillets étroits, pédicule renflé. Sables.

Agaric-Oreille de chardon roland ou Ragoule : agaricus eryngii. Chapeau arrondi et à bords roulés, feuillets blancs, pédicule cylindrique. On récolte ce champignon sur les racines pourries du panicaut ; il est comestible.

Agaric ficoïde : agaricus ficoïdes. Cette belle et grande espèce est remarquable par son chapeau rougeâtre, et par la base blanche de son pédicule. Elle croît par groupes dans les prés.

Agaric odorant : agaricus odoratus. Chapeau large et un peu bleu, feuillets inégaux, pédicule plein. Ce champignon sent l'anis. Bois.

Agaric acerbe : agaricus acerbus. Chapeau arrondi et épais, feuillets blancs, pédicule gros et écailleux. Champs.

Agaric-Mousseron : agaricus albellus. Chapeau en cloche et couvert d'une peau sèche, feuillets nombreux, pédicule court. Ce champignon est commun sur les friches et dans les bois. Il a une odeur et une saveur agréable ; on le mange en ragoût.

Agaric en fuseau : agaricus fusipes. Chapeau grand, feuillets larges, pédicule renflé à sa partie moyenne. Toute la plante est rougeâtre. Bois.

Agaric des brebis : agaricus ovinus. Chapeau plane ou convexe, feuillets écartés, pédicule renflé à la base. Champs.

Agaric rameux : agaricus ramosus. Nombreux pédicelles partant d'un tronc commun, chapeau orbiculaire, feuillets minces. Bois.

Agaric-Caméléon : agaricus cameleo. Chapeau hémisphérique, feuillets rares, pédicule renflé à la base, le tout très-variable pour la couleur. Ce joli champignon est commun dans les bois.

Agaric arqué : agaricus arcuatus. Celui-ci est également variable, mais on le reconnaît facilement à ses feuillets en arc. Bois et prés.

Agaric sinueux : agaricus sinuatus. Chapeau très-grand, ondulé sur les bords, de forme peu régulière ; feuillets échancrés à leur base, pédicule extrêmement épais. Champs.

Agaric sulfureux : agaricus sulfureus. Chapeau recouvert d'une peau sèche, feuillets pointus, pédicule long et plein. Ce champignon a la couleur et l'odeur du soufre. Bois.

Agaric à long pied : agaricus longipes. Chapeau assez grand, placé sur un très-long pédicule brun. Bois.

Agaric rampant : agaricus repens. Ses pédicules partent d'une grosse souche horizontale. Bois.

Agaric contourné : agaricus contortus. Une grosse souche droite et noirâtre produit un très-grand nombre de pédicules bruns et tordus, surmontés de chacun un chapeau convexe. Bois.

Agaric rouge : agaricus coccineus. Chapeau mélangé de jaune et de pourpre, feuillets larges, pédicule écarlate. Bois.

Agaric livide : agaricus lividus. Chapeau large et convexe, feuillets rouges, pédicule plein. Bois.

Agaric velu : agaricus villosus. Pédicule blanc, chapeau violet, feuillets orangés. Bois.

Agaric-Gorge de pigeon : agaricus columbarius. Chapeau de couleurs joliment nuancées, feuillets bleus, pédicule azuré. Bois.

Agaric inodore : agaricus inodorus. Chapeau renflé au centre, feuillets nombreux, pédicule cylindrique. Champs.

Agaric pourpre : agaricus purpureus. Chapeau irrégulier, feuillets très-larges, pédicule arrondi. Champs.

Agaric aranéeux : agaricus araneosus. Chapeau large, varié pour la couleur ; feuillets inégaux, pédicule épais. Bois. Ce gros champignon est amer et désagréable au goût.

Agaric châtain : agaricus castaneus. Chapeau satiné, feuillets lâches, pédicule cylindrique. Bois.

Agaric-Ami de l'eau : agaricus hydrophilus. Chapeau convexe, feuillets larges, pédicule fistuleux. Ce champignon pousse en abondance dans les bois après les pluies d'automne.

Agaric squammeux : agaricus squammosus. Cette grande espèce est facile à distinguer. Chapeau jaunâtre ou noirâtre et couvert d'écailles, feuillets étroits et inégaux, pédoncule très-longs. Bois.

Agaric piluliforme : agaricus piluliformis. Chapeau imitant une pilule, pédicule blanc, feuillets inégaux et couverts par une membrane. Ce petit champignon est abondant au pied des arbres et dans la mousse des bois.

Agaric doré : agaricus aureus. Chapeau en grelot, pédicule courbé, feuillets étroits. Champs.

Agaric à grosse racine : agaricus radicosus. Souche horizontale, pédicules nombreux ; chapeau large, jaune, charnu. Bois.

Agaric pudique : agaricus pudicus. Chapeau jaune très-grand, pédicule tacheté de jaune plus foncé, feuillets arqués. Champs.

Agaric-Grisettes : agaricus colubrinus. Grand champignon panaché de brun et de blanc, à chapeau ovoïde ou étalé, pédicule bulbeux, feuillets larges. Les grisettes sont comestibles ; on les trouve dans les bois et les terres sablonneuses.

Agaric à verrues : agaricus verrucosus. Chapeau hémisphérique d'abord, puis large, concave, couvert de nombreuses protubérances ; pédicule plein, feuillets blancs. Ce champignon, commun dans les bois et les champs, a un goût salé ; il serait dangereux, si on en faisait usage.

Agaric solitaire : agaricus solitarius. Il s'élève quelquefois à plus d'un pied ; son chapeau est couvert de glandules étoilées, ses feuillets sont larges, son pédicule gros et lisse. Bois.

Agaric-Fausse oronge : agaricus pseudo-aurantiacus. Chapeau d'un beau rouge, ayant 4 ou 6 pouces de diamètre ; pédicule bulbeux assez long, feuillets blancs très-larges. Ce beau champignon, qui croît dans les bois, est agréable au goût, mais dangereux. On en a fait manger à des chiens ; ils sont morts peu de temps après.

Agaric-Oronge vraie : agaricus aurantiacus. Cet excellent champignon a d'abord la forme d'un œuf, mais quand sa volva ou enveloppe est déchirée par suite d'accroissement, le chapeau devient plane et rouge ; les feuillets sont larges et frangés ; le pédicule est jaune en dehors et blanc en dedans. Il est important de ne pas confondre cette espèce avec la précédente. L'oronge vraie est alimentaire, l'oronge fausse empoisonne. L'une et l'autre habitent les bois.

Agaric ovoïde ou Oronge blanche et Coquemelle : agaricus ovoïdeus. Elle diffère de l'oronge vraie, en ce qu'elle est blanche dans toutes ses parties, à l'exception des feuillets, qui sont rosés. Elle est très-délicate à manger ; on la trouve dans les bois.

Agaric bulbeux ou Oronge ciguë : agaricus bulbosus. Chapeau luisant et humide, feuillets blancs, pédicule renflé à la base. Bois. Ce gros champignon est toujours jaune ou vert au sommet. On le dit vénéneux.

Agaric printanier ou Oronge ciguë blanche : agaricus vernus. Chapeau roussâtre, pédicule blanc. C'est cette espèce qui cause le plus d'accidents, parce qu'elle ressemble un peu au champignon cultivé. Si on a le malheur de s'empoisonner avec des champignons, il faut prendre tout de suite un vomitif, puis des purgatifs et des boissons adoucissantes. Le reste est du ressort de la médecine.

Agaric engaîné : agaricus vaginatus. Il varie infiniment en taille et en couleur, mais on le distingue sans peine à la volva qui lui sert de fourreau. On le mange dans le midi de la France : peut-être serait-il imprudent d'en faire usage dans le nord. Il est commun dans les bois.

Morille : morchella. Pédicule cylindrique, chapeau crevassé de cellules irrégulières. Ce champignon, l'un des meilleurs, croît dans les bois dès les premiers jours du printemps.

Phallus impudique : phallus impudicus. Pédicule allongé, surmonté d'une coiffe mobile couverte de trous d'où s'échappe une liqueur verdâtre tellement fétide et délétère, qu'elle fait périr les oiseaux. Bois.

Famille des algues. (Ces plantes sont regardées par plusieurs Naturalistes comme des polypiers finissant le règne végétal et commençant le règne animal. Celles qui vivent sous l'eau émettent du gaz oxygène, quand le soleil les éclaire. Les algues se reproduisent par des divisions et par des gongyles.)

Nostoch commun : nostoch commune. Matière verdâtre, qui paraît sur la terre après les pluies et disparaît aussitôt. Cette substance gélatineuse est employée contre le cancer. On prendrait cette singulière plante pour de la glu.

Nostoch coriace : nostoch coriaceum. Membrane crépue, molle intérieurement, qui pousse dans les marais.

Nostoch lichénoïde : nostoch lichenoïdes. Expansion noirâtre, qui vient sur les arbres et les pierres après la pluie.

Nostoch vésiculeux : nostoch vesicarium. Bourse cartilagineuse, verdâtre ou roussâtre, ressemblant à une vessie. Marais.

Nostoch lacinié : nostoch laciniatum. Cartilage gazonneux, qui croît avec les mousses.

Nostoch sphérique : nostoch sphæricum. Grains articulés, paraissant sur la terre en toute saison.

Nostocb verruqueux : nostoch verrucosum. Tubercules d'un vert foncé, se crevant à l'entrée de l'hiver pour laisser sortir une gelée filamenteuse, qui s'attache aux pierres dans l'eau.

Rivulaire tubulée : rivularia tubulosa. Membrane ressemblant au frai des grenouilles, flottant après l'hiver sur les ruisseaux, ou s'élevant plus souvent du fond de l'eau sous forme de tube terminé par une espèce de tête.

Rivulaire fétide : rivularia fœtida. Membrane transparente, d'un vert noirâtre, qu'on remarque sur les pierres des ruisseaux.

Ulva petite : ulva minima. Cette plante, qui est d'un vert foncé, tapisse les pierres des ruisseaux.

Ulva terrestre : ulva terrestris. Plaques foliacées,

étendues sur la terre en culture ou dans les allées des jardins.

Ulva intestine ou Boyau de chat : ulva intestinalis. Tube très-long, imitant un intestin rempli de bulles d'air. Cette plante croît dans les eaux.

Oscillatoire: oscillatoria. Filaments verts, formant des tapis dans les eaux tranquilles, ou bien à la surface des mares et des étangs.

Lemane : lemanea. Filaments noirâtres, attachés aux pierres dans les eaux rapides.

Lemane soyeuse : lemanea setacea. Filaments très-fins, formant de jolies touffes noires dans les fontaines pures.

Chantransia agglomérée : chantransia glomerata. Touffe épaisse de filaments très-rameux et d'un beau vert, qui croissent en toute saison sur les pierres des eaux courantes, et sous les bateaux. Elle produit une variété plus grande, nageant sur les ruisseaux où elle s'entortille autour des corps qu'elle rencontre. On en fait du papier.

Conferve délicate : conferva gracilis. Filaments grêles, qui viennent dans tous les fossés. La variété est plus développée : elle retient l'air au fond des eaux, et quand elle le laisse échapper, il se forme des bulles à la surface.

Conferge jugale : conferva jugalis. Filaments très-allongés, frisés et roulés, formant des spirales. On trouve cette plante, ainsi que ses variétés, dans les fossés, les canaux et les étangs.

Conferve genouillée : conferva genuflexa. Filaments jaunâtres, couvrant les eaux de quelques fossés.

Conferve en flocons : conferva flocosa. Filaments agglomérés dans les eaux dormantes.

Conferve laineuse : conferva lanata. Groupes de filaments exactement semblables à des cheveux noirs. Cette espèce est rare. Je ne l'ai jamais vue vivante.

Batrachospermum. Cette plante n'a pas encore de nom français. Filaments assez courts, formant des pyramides bleuâtres dans les fontaines. On en voit une variété avec des grains en chapelet, et des houppes brunes étalées sur les pierres des ruisseaux.

Draparnaldia variable : draparnaldia mutabilis. Filaments verts et transparents, formant des houppes sur les pierres des eaux courantes.

Draparnaldia fasciculée : draparnaldia fasciculata. Mamelons verts et gélatineux, collés sur les pierres des ruisseaux.

Thore : thorea. Filaments noirâtres et velus, qui s'attachent aux flancs des bateaux et au pied des saules des marais.

Vaucheria multicorne : vaucheria multicornis.

Filaments verts, à crochets pointus. Eaux.

Vaucheria terrestre : vaucheria terrestris. Filaments entrelacés, paraissant toute l'année sur la terre et les vieux murs.

Vaucheria gazonneuse : vaucheria cœspitosa. Filaments noirâtres, qui tapissent le fond des ruisseaux et des rivières.

Vaucheria-Matière verte : vaucheria infusionum. Flocons verdâtres et gélatineux, qui se forment sur l'eau tranquille.

Hydrodyction. Cette plante, qui n'est pas francisée, se présente sous la forme d'un sac fermé par les deux bouts ; elle est assez commune dans les fossés de Gentilly et ailleurs.

Nous devons dire à nos lecteurs, avant de clore cet ouvrage, que nous n'avons pas tenu compte des mille et une vertus attribuées aux plantes par l'ignorance et la superstition. Que nous avons admis seulement les propriétés dont la Médecine, la Chimie et les Arts sont déjà en possession. Que les panacées de famille ne méritent aucune confiance. Que la plupart des remèdes conseillés par les compères et les commères sont de trois choses l'une : inefficaces, dangereux ou absurdes. En voici des exemples pris dans la fameuse pharmacopée, suivie de père en fils depuis plus de 200 ans. Le jus d'ognons pour guérir les maux d'oreilles ; la parelle pour les rhumatismes ; la turquette pour les hernies ; les fleurs de coucou pour les maux de tête ; la verveine pour la pleurésie ; l'ortie morte pour les hémorragies ; l'ortie piquante pour le crachement de sang ; l'origan pour le torticolis ; le serpolet pour la paralysie de la langue ; la scrophulaire pour les écrouelles et les hémorroïdes ; le muflier pour la gravelle ; la digitale pour l'épilepsie et l'hydropisie ; la jusquiame pour les maux de dents et pour les coliques des enfants ; le coqueret pour jaunir le beurre ; la morelle pour faire disparaître la jaunisse ; le grémil pour guérir la rétention d'urine; la consoude pour les fractures; la cynoglosse pour le chancre ; la pervenche pour l'esquinancie ; la conyze pour détruire les puces et les moucherons ; le souci pour faire tomber les poireaux ; la tanaisie pour chasser les punaises ; la valance pour guérir les descentes ; le chèvrefeuille pour les plaies des jambes ; l'yèble pour la goutte ; l'ache pour faire passer le lait des femmes ; l'angélique pour fondre les loupes ; le buplèvre pour guérir les contusions ; le chardon roland pour la bouffissure ; l'eau de cardère pour les maux d'yeux ; la véronique pour les migraines ; la renoncule pour la teigne ; l'éclaire pour les maladies du foie ; le thalictron pour le cours de ventre ; l'anémone et la bourse à pasteur pilées et appliquées sur les poignets pour enlever la fièvre ; la passerage pour la sciatique ; le pastel pour résoudre les tumeurs ; la pulmonaire pour guérir la pulmonie ; le mille-pertuis pour la manie ; le géranium pour les fistules ; les feuilles de tilleul pour les vertiges ; l'orpin pour les panaris ; la joubarbe pour les cors et les brûlures ; le pourpier pour les vers ; le fraisier pour l'asthme; les fraises écrasées pour les engelures ; la benoite pour les fluxions et catarrhes ; les framboises pour les érysipèles ; les merises pour la paralysie ; la bugrane pour la colique néphrétique ; les lentilles pour la petite vérole ; l'huile de noix pour les coliques venteuses ; la pariétaire pour la phthisie, les galles d'orme pour les blessures ; le bouleau pour nettoyer la peau ; la fumée du genevrier pour faire diminuer l'enflure des jambes, etc., etc. Nous le répétons avec conviction, ces médicaments sont impuissants, nuisibles ou ridicules. Mieux vaudrait n'employer que l'eau pure. Ses qualités sont incontestables : chaude elle excite, tiède elle relâche, fraîche elle désaltère, froide elle fortifie. Dans ce dernier état, elle est préférable à tous les vulnéraires des charlatans, pour la guérison des brûlures et des contusions. De l'eau donc, rien que de l'eau, en attendant l'ordonnance d'un médecin. Voilà notre avis.

CALENDRIER DE FLORE

OU

FLEURAISON DES PRINCIPALES PLANTES, SE RAPPORTANT AUX DOUZE MOIS DE L'ANNÉE.

JANVIER.

La Bruyère du Cap, le Camélia, la Primevère de Chine, la Rose de Noël, la Rose du Japon, la Tanaisie des Canaries, le Thlaspi blanc, le Fraisier de tous les mois, l'Iris de Perse, le Narcisse tassette.

FÉVRIER.

L'Aune, le Saule marceau, la Perce-neige, l'Arabette des jardins, le Bois-gentil, la Lauréole, le Noisetier, la Drave, la Galanthine, le Koelléa, la Véronique printanière, le Lamier pourpre, la Violette, le Céraiste des murs, le Safran printanier, le Cornouiller mâle, le Cognassier du Japon, la Cynoglosse des jardins, la Claudinette.

MARS.

La Véronique des champs, le Lamier embrassant, l'Hépatique, le Groseiller, la Ficaire, la Doucette, la Corydalis, le Buis, l'Amandier, l'Abricotier, le Pêcher, l'Alaterne, l'Arbre de Judée, l'Oreille d'ours, l'Alléluia, la Bourse à pasteur, le Gui, l'Holostée, la Mercuriale, la Monnayère, le Muscari, le Narcisse faux, l'Ornithogale, l'Orobe, le Peuplier, le Plane, la Potentille printanière, la Primevère à grandes fleurs, le Saule, la Saxifrage de Sibérie, la Scille à deux feuilles, la Sylvie, le Thlaspi perfolié, la Saxifrage tridactyle, le Thuya, la Tulipe sauvage, le Tussilage, la Paquerette, le Mouron des oiseaux, la Giroflée des murailles.

AVRIL.

Le Sycomore, la Myrtille, le Micocoulier, le Mélèze, le Lierre terrestre, le Houx, l'Actæa, l'Alysson, l'Arum, le Bois de Ste-Lucie, le Bouleau, la Boule d'or, le Cabaret, la Cardamine, le Céraiste des champs, le Charme, le Chêne, le Coucou, l'Epine noire, l'Erable, l'Euphorbe des bois, le Frêne, la Fritillaire, le Galé, le Gazon d'Olympe, le Genêt poilu, le Guinier, le Grémil des champs, la Jacinthe, le Lilas, la Luzule, le Morio, l'Orme, la Parisette, la Pervenche, le Pin, le Poirier, le Populage, le Prunier, la Pulmonaire, la Pulsatille, la Renoncule bulbeuse, le Romarin, la Sanicle, la Saxifrage granulée, la Scrophulaire printanière, la Spirée à feuilles de mille-pertuis, la Tulipe odorante, la Valance, la Chélidoine, le Carvi des prés, la Morgeline.

MAI.

Le Muguet, la Pivoine, la Renoncule des prés, le Rosier, le Seringat, le Sorbier, l'Alizier, l'Anémone, l'Argentine, l'Alliaire, l'Aspérule, la Bourrache, le Chèvrefeuille, l'Épine blanche, l'Epine vinette, le Fraisier, l'Iris, la Julienne, le Marronier, la Mentiane, le Merisier, l'Obier, la Giroflée, l'Orne, le Pastel, le Pommier, la Sagine, la Scabieuse, le Seigle, la Teucriette, la Valériane, la Vigne vierge, le Laurier franc, la Bryone, la Bugle, le Caille-lait, la Consoude, la Coriandre, la Crépide, la Crête de coq, la Cynoglosse, le Faux ébénier, la Filipendule, le Galéobdolon, la Globulaire, le Hêtre, le Lépidium, la Maroute, le Nerprun, la Pédiculaire, et en général le plus grand nombre de plantes, dont plusieurs restent fleuries jusqu'au pied de l'hiver.

JUIN.

L'Adonis, l'Alcée, l'Alkékenge, l'Amarante, l'Angélique, l'Aristoloche, l'Azédarach, le Baguenaudier, la Bétoine, le Blé, le Bluet, la Brunelle, la Buglosse, la Campanule, le Léonurus, le Lis, la Lobélie, le Châtaignier, la Ciguë, la Lychnide, le Cresson, le Pavot, le Nénuphar, la Sauge, le Stachys, le Tilleul, le Tulipier, la Digitale, l'Erysimum, la Garance, la Gentiane, le Géranium, la Germandrée, la Gratiole, l'Hysope, le Jasmin, le Lin, la Linaire, la Marguerite, la Menthe, le Millepertuis, la Molène, le Mûrier, la Nigelle, le Noyer, l'Œillet, le Pied d'alouette des jardins, la Pyrèthre, le Sédum, le Sisymbre, la Verveine, la Vigne, la Vipérine, l'Ancolie, l'Herbe aux chats.

JUILLET.

L'Aigremoine, l'Aunée, la Belladone, la Bugrane, la Camomille, la Carotte, le Catalpa, la Centaurée, le Chanvre, la Chicorée sauvage, la Clématite, le Clinopode, la Croisette, le Datura, l'Euphraise, le Houblon, l'Inule, la Joubarbe, la Laitue, le Liseron tricolore, la Lysimachie, le Marrube, la Mélisse, l'Origan, la Pensée, la Persicaire, la Petite centaurée, le Piment, la Rose d'Inde, la Salicaire, le Soleil, le Solidage, le Verâtre, la Tanaisie des champs, la Tomate, la Toque, le Volubilis, le Zinnia, le Coréopsis, la Sclarée, le Jasmin de Virginie.

AOUT.

L'Absinthe, l'Aster, la Balsamine, la Balsamite, le Bident, le Dahlia, l'Epilobe, l'Euphraise officinale, la Gaillarde, la Menthe poivrée, l'Immortelle, le Gnaphale, le Laurier-tin, l'Orpin, la Parnassie, la Passe-rose, le Rudebékia, la Rue, l'Amaryllis.

SEPTEMBRE.

L'Aralie, le Colchique, le Cyclame, la Digitale ligulée, l'Epervière ombellée, le Galéopsis, la Gentiane d'Allemagne, le Grenadier, l'Hibiscus, la Menthe des champs, le Myrte, le Petit houx, le Peucédane, le Réséda, la Prenanthès des murs, le Safran, la Sarrette.

OCTOBRE.

L'Adonis d'automne, l'Ajonc nain, l'Amarante des champs, l'Amarantine, l'Amomum, l'Arroche hastée, l'Aster à grandes fleurs, le Calament, la Campanule des cerfs, la Centaurée tardive, la Coronille, la Chrysanthème, le Gnaphale droit, le Lierre, le Liondent d'automne, la Lobélie, l'Œillet d'Inde, la Passerine, la Pensée à grandes fleurs, la Reine marguerite, la Renouée, la Sagine, la Scille d'automne, le Séneçon visqueux, le Séseli de montagne, le Topinambour, la Succise, la Vrillée bâtarde.

NOVEMBRE.

L'Athamante, le Compagnon blanc, le Dahlia tardif, l'Erodium, l'Héliotrope des champs, l'Hortensia, l'Ibéride, le Jasmin cytise, la Marguerite, le Mille-pertuis de la Chine, le Muflier, la Paquerette, la Picride d'automne, le Pissenlit, la Ravenelle, le Sénevé, le Sisymbre couché, le Stachys annuel, le Thlaspi de Perse.

DÉCEMBRE.

La Buplèvre, le Daphné de Pont, l'Héliotrope d'hiver, l'Inule, le Lamier, la Linaire, le Mélilot, la Menthe, la Mille-feuille, le Miroir de Vénus, le Myosotis, le Pied d'alouette, le Rosier de tous les mois, la Vipérine, le Mouron des oiseaux, plusieurs Centaurées, et beaucoup d'autres plantes qui refleurissent, si la gelée ne les a pas encore détruites.

HORLOGE DE FLORE.

Les fleurs du Salsifis des prés s'épanouissent à la pointe du jour et se ferment avant midi.

La Belle de jour et les autres Liserons s'ouvrent à 5 heures du matin et se ferment avant la nuit.

Le Liondent reste ouvert de 4 heures du matin à 4 heures du soir.

La Chicorée sauvage de 4 à 11 heures du matin.

Le Laiteron et la Crépide des toits de 4 heures du matin à une heure de l'après-midi.

Le Pissenlit de 5 heures du matin à midi.

L'Epervière de 5 heures du matin à 5 heures du soir.

L'Hémérocalle de 5 heures du matin à 8 heures du soir.

La Laitue de 6 à 11 heures du matin.

La Ficoïde de 6 heures du matin à 4 heures du soir.

Le Souci pluvial de 6 heures du matin à 5 heures du soir.

Le Souci des jardins de 6 heures du matin à 6 heures du soir.

L'Alysson reste ouvert de 6 heures du matin à 7 heures du soir.

Le Nénuphar blanc de 6 heures du matin à 8 heures du soir.

L'Œillet prolifère de 7 heures du matin à 2 heures de l'après-midi.

Le Mouron de 7 heures du matin à 10 heures du soir.

Le Souci des champs de 8 heures du matin à 4 heures du soir.

La Sabline rouge de 9 heures du matin à 4 heures du soir.

La Chondrille de 10 heures du matin à une heure de l'après-midi.

L'Ornithogale de 11 heures du matin à 9 heures du soir.

La Belle de nuit ouvre ses fleurs à 6 heures du soir et les ferme avant le jour.

Le Géranium triste reste ouvert de 7 heures du soir à 4 heures du matin.

Le Silène noctiflore de 9 heures du soir à 5 heures du matin.

Le Cactier à grandes fleurs étale sa riche corolle vers minuit, et à peine l'a-t-on admirée, qu'elle se fane et disparaît pour toujours.

TABLE PREMIÈRE.

CLASSES.

Les pages où elles commencent sont indiquées par des chiffres arabes.

Quand elles sont dispersées pour cause de variabilité dans les étamines, un numéro étoilé renvoie à la souche, comme point de ralliement. On peut donc les réunir à volonté.

TABLE ALPHABÉTIQUE

DES GENRES, ESPÈCES, VARIÉTÉS ET SYNONYMES, DES PLANTES CONTENUES DANS LA BOTANIQUE MISE A LA PORTÉE DE TOUT LE MONDE.

FIN.

Laon. — Imp. A. Gyon.

Imprimé en France
FROC022234230919
22214FR00013B/155/P